U0179033

美国科学院院士的经典名著

博弈论

[美] 约翰·冯·诺依曼◎著

刘 霞◎译

沈阳出版发行集团

Ⓜ 沈阳出版社

图书在版编目（CIP）数据

博弈论 /（美）约翰·冯·诺依曼著；刘霞译 . --
沈阳：沈阳出版社，2020.7（2023.10 重印）
ISBN 978-7-5441-8184-6

Ⅰ . ①博…　Ⅱ . ①约…②刘…　Ⅲ . ①博弈论　Ⅳ .
① O225

中国版本图书馆 CIP 数据核字（2020）第 048820 号

出版发行：沈阳出版发行集团|沈阳出版社
　　　　　（地址：沈阳市沈河区南翰林路 10 号　邮编：110011）
网　　　址：http://www.sycbs.com
印　　　刷：三河市兴达印务有限公司
幅面尺寸：145mm×210mm
印　　　张：7
字　　　数：150 千字
出版时间：2020 年 7 月第 1 版
印刷时间：2023 年 10 月第 5 次印刷
责任编辑：马　驰
封面设计：Amber Design 琥珀视觉
版式设计：艺琳设计工作室
责任校对：王玉位
责任监印：杨　旭

书　　　号：ISBN 978-7-5441-8184-6
定　　　价：49.80 元

联系电话：024-24112447
E - m ail：sy24112447@163.com

本书若有印装质量问题，影响阅读，请与出版社联系调换。

　　博弈论的思想在古代便产生了，只是它在初期仅研究象棋、赌博中的一些胜负问题，并未形成专业的理论系统。当时的人们对于博弈的认识只停留在经验的认知和积累上，并未形成专业的理论基础，正式成为一门学科则是在20世纪初期。

　　20世纪20年代末期，约翰·冯·诺依曼正式证明了博弈的基础原理，在此基础上宣告博弈论诞生，因此，冯·诺依曼被称为"博弈论之父"。再到20世纪40年代中期，一本跨越时代的巨著《博弈论与经济行为》问世，而作者正是冯·诺依曼和摩根斯坦。这两位卓越的数学家经过不断研究，最终将最初的二人博弈理论推广到了n人博弈理论，还将博弈论成功应用到经济领域，他们奠定了博弈论的基础和理论体系。

　　"假设现在有人能够让博弈行为接近野蛮，或者让人类之间的友善行为和凶残行为之间的差距无限大，那么谁就更容易在博弈中取胜。"这是《博弈圣经》中提到的一段话。

提起博弈论，便需要说起"孤独的天才"——约翰·纳什，他更是博弈论的天才。约翰·纳什在20世纪中期正式发表了一篇论文——《n人博弈的均衡点》，对博弈论起到了良好的推动作用。除此之外，哈桑尼与赛尔顿对博弈论的研究和贡献，也为博弈论的发展起到了催化作用。再到《博弈圣经》问世，它与原有的博弈论有着极大的区别，最大的差异在于《博弈圣经》中论述了博弈的文化理论，突出表现了人类博弈占据的优势。

事实上，《博弈圣经》最大的优点是，它能够将原有的博弈理论正式应用到现实中，还能帮助普通大众通过自身的学习和研究成为博弈的真正高手。它还能将博弈论应用到政治、经济、文化等多个领域，对于个人的生活和发展也能起到促进和推动作用。

简单来说，博弈的基本构成要素分为决策人、对抗者、生物亲序、局中人、策略、得失、次序。所谓决策人，指的是在博弈的赛局中率先做出选择的一方，决策人往往会根据自己的经验、自身在对局中的感受、自身的状态等，率先做出一种具有方向性的选择。

在二人博弈对局中的对抗者，往往是选择滞后的那个人，需要做出与决策人的行为相反的选择，而且这个对抗者不仅选择落后，连行为与动作也是落后的，而且他的选择几乎是默认的、被动的，但是这将成为他最后的优势。简单说，他所做的选择极有可能是基于决策者选择中的劣势而做出的，由此一来，便具有了空间优势，这样看来对抗者便成了二人博弈中占优的一方。

所谓生物亲序，从字面理解，就是生物会主动寻找有序的一种亲近行为。由于自然界的所有生物，当它们处在陌生、恶劣、未知环境中时，它们会发挥出主动寻找规律和有序环境的本能。同理，在博弈对局中，所有的参与者都会自发地产生寻找或者等待有序的亲近行为。

我们知道一场竞赛会由参与者组成，而在博弈中，这些有决策权力的参与者，则被称为博弈赛局中的一个局中人；若在博弈中有两个局中人，那么便称为"两人博弈"；若在博弈中有多个局中人，则称为"多人博弈"。

当我们参加较为正规的比赛时，在遵守规则的前提下，还会为自己制订一定的计划或者策略，帮助自己取胜，博弈亦是如此。在一场博弈赛局中，任意一个局中人都会制订自己在实际情况中所要施行的计划或者策略，简单来说，局中人的方案与计划并不只是针对某一个阶段，而是针对整个对局过程，即任何一个局中人的能够贯穿整个赛局的可行计划被称为一个局中人的策略。假设在一个博弈赛局中，局中人的策略是有限的，便称其为"有限博弈"，相反则称为"无限博弈"。

在博弈赛局中，结果无非胜负两种，这种结果便是博弈中的得失。任何一个局中人在博弈中的最终得失，都与局中人的决策密切相关，甚至还与全局中的人所做出的一组决策密不可分。因此，每场博弈中的局中人的最终得失，都由全部的局中人做出的一组策略的函数决定，这组函数便是通常意义上的支付函数。

比赛次序有先后，博弈策略亦是如此。博弈中的决策方在一个赛局中需要做出多次决策，此时便会出现决策的次序问题。在此过程中，只有决策的次序是不同的，但是其他要素是相同的，而最后出现的是不同的博弈结果。

根据不同的标准产生了不同的博弈种类。我们可以将其大致分为两类，即通常意义上的合作博弈和非合作博弈。二者的最大差别在于参与博弈的人并没有达成一个相对具有约束力的协议。假设有协议可以参照，便是"合作博弈"；反之，则是"非合作博弈"。

　　若以时间顺序为基准，博弈论可以分为两类：静态博弈和动态博弈。前者是指在博弈中，所有的参与者共同选择或者非同时做出选择，但是所有的后参与者对此并不知情，即后参与者不知道最初的参与者做出了怎样的决策和实际行动。后者是指在博弈中，所有的参与者采取的具体行动有先后之分，而且后来加入的参与者能够非常清晰地看到前面的参与者的具体行动。

　　简言之，"囚徒困境"属于静态博弈，而棋牌类的博弈，或者那些行动、决策有先后的博弈则是"动态博弈"。事实上，博弈论根据不同的基准还有不同的分类，在此列举较为基础的几种。本书《博弈论》将带领读者走进博弈的赛局中，开始一场特殊的"博弈"之旅。

PREFACE

译者序

策略博弈论，我们通常将它称为博弈论，有些时候也会用"竞赛论"或者"对策论"来表示。但是，只有博弈论更符合原意，因为它能够更好地表达出此理论所要探究的基本概念和相关问题，同时，它是在最近十几年间逐渐发展起来的，还是运筹学的主要组成部分，本书是博理博弈论的经典著作。

约翰·冯·诺依曼的这本思想史上的经典之作已经问世20年之久。本书《博弈论》不仅是成千上万读者的审美享受，还支撑着约翰·冯·诺依曼之后的研究者。与此同时，《博弈论》还直接推动了个人概率、统计决策、运筹学等诸多问题的研究进程。实际上，这本经典著作在各个领域都产生了一定的影响。

为了让读者能够更加直观地看到博弈中的逻辑推理，

冯·诺依曼先构造出一个概念，其包含了所有参与者的策略选择。通俗意义上说，一个参与者的一个策略选择就是一套简单的行动法则，同时是提供给这个参与者所有可能情况下的行动指导。假设任意一名参与者需要遵循给定的各种策略，那么博弈的整个过程可以说是已知的，显而易见所有参与博弈的人在博弈结束时，能够获得的收益其实是确定的。

按照作者约翰·冯·诺依曼的观点，博弈论的方法是最适合研究经济方面的问题的数学方法。尽管博弈论的提出没有能够帮助作者完成解决经济问题的任务，但这一数学理论的提出与建立仍然是具有里程碑意义的。因为博弈论研究的是斗争，因此，在无数的斗争场景中，都有可能通过使用博弈论来解决相关的技术问题。例如人对自然财富的索取，人对自然灾害的抵抗，人对于未知领域的探索，以及军事上的斗争，等等。博弈论可以使人们在有限的条件和既定的要求下，从繁多的数量关系里寻找出最适宜、最高效的解决方案。

约翰·冯·诺依曼创作《博弈论》的初衷是推动经济学理论的革命，但是它在很长一段时间内没有完成这个伟大的目标。不过，在它的影响下，人们发起了对整个时代经济学理论的质疑。从这一方面来看，《博弈论》确实是天才之作，因此它必将被世人永远铭记。

经济学在未来是什么样子的？这在《博弈论》中已经予以回答。它必将是充满数学符号的。对不少人来说，《博弈论》更像一部希腊文著作，只有当我们理解它超过理解一种文化时，我们才能真正读懂它。或者，如果说《博弈论》是贝多芬的一部乐曲，那么还需要懂乐谱的人才能理解它。对于音盲来说，再好的音乐也无异于噪音。《博弈论》中最好的工具是数学，如果有人对数学一无所知，那么他很难进入现代科学的大门，或迈入现代哲学的世界，这无疑是令人遗憾的。数学不同于街头俗论，它关系着许多方面的思维能力。一般来说，拥有数学潜力的孩子往往具有更好的语言和逻辑能力。

能否理解博弈论可以作为衡量21世纪文化人的标准。约翰·冯·诺依曼在《博弈论》中对多人博弈和个体最大化问题进行了区分，并指出了两者的主要差异。例如，研究一个典型的最大化问题：如何用周长1英里的篱笆围出最大的面积？对于这个问题，我们只需要利用代数或微积分知识便可给出答案。若缩小范围，只允许在三角形中做选择，那么等边三角形要比其他三角形更优；若只允许在四边形中做选择，那么正方形是最佳的答案。若在所有正多边形中做选择，那么边数越多越接近最优解。而如果没有边数限制，用周长1英里的篱笆围出最大的面积，圆形无疑是最佳选择。

而在多人博弈中，比如当两个理性头脑为了一个目标而产生冲突的时候，最终的答案总是会同时依赖于两者的决定，所以这时的形势与个人最大化问题的形势便不再相同。两个人一起玩井字棋时，如果甲方先行，且行棋方式完全正确，那么乙方将永远无法击败他；同样，若乙方先行，且行棋方式完全正确，那么甲方也永远无法击败他。这种博弈的方式是随机的，它的解也是随机的。

如果两个人一起玩向圆桌上放硬币的游戏：双方轮流向桌子上放硬币，率先放不下硬币的人就算失败。在这个博弈中，若A是先行者，他便可以用这样的策略获胜，即首先将一枚硬币放在桌子的正中央，接着每当对方放下一枚硬币，就在与之对称的位置上放上一枚硬币，这样一来，他便永远不会输。所以谁后放谁就会输。这是一个完美的信息博弈，只要知道谁先谁后就能知道谁赢谁输。

同样，象棋也是一个完美信息博弈，它与上面两种博弈一样简单。若两个计算能力完美的人一起下象棋，那么只会有三种可能：一是先行者必胜，二是后行者必胜，三是平局。初看之下，我们并不知道最终的结局究竟属于哪一个，但只要我们反向推导，就能推算出这一博弈结局与开始信息的关系。象棋的这种简单属性可由博弈论予以证明。

在大多数人看来，猜硬币与下象棋一样都是简单的博弈。但实际上，猜硬币并非人们想象的那样简单。如果一个人要想与另一个人保持一样，他就会在对方选择正面时跟着选择正面，在对方选择背面时跟着选择背面。但是，如果他一开始就知道对方准备选择正面，好胜心就会驱使他去选择背面，而若对方选择的是背面，他就会毅然选择正面。这就形成了一个无法跳出的循环。

约翰·冯·诺依曼在处理这个无限循环问题时表现出了自己的天赋。在他看来，不让别人知道你的秘密的前提是，你自己也不知道；在投掷硬币的时候，你只需要以正反面来决定你的行动，这样一来，在这个随意策略中，即使你的对手始终保持着理性，并能提前知晓你的策略，他也不可能以超过半数的概率战胜你。

约翰·冯·诺依曼给我们呈现的是一个二人零和博弈。他用这个经典的博弈向我们证明了他的理论：参与这个零和博弈的人都试图使自己的利益最大化，于是他们都想尽可能地使对方的利益最小化，因为只有这样才能最大化自己的利益。

要判断一条铁链的强度，我们首先要知道它最弱的一环，要判断一个木桶能盛多少水，首先要知道它的短板在哪里。在最坏的情况下，最可能获得的收益取决于最脆弱的一点。这个时候，参与者只需采用一种随机策略，就能在最坏的情况下最大化自己的收益。这一意义深远的定理可以在扑克牌游戏中显露其冰山一角：我们在玩扑克牌时常常会见到虚张声势的对手，甚至我们自己有时为了赢得最后的胜利，也会采取虚张声势的策略。我们发现一旦有人虚张声势就意味着他可能有一手差牌，而那些不动声色的人则很可能拿到一手好牌。如果你的对手为了最大化自己的收益采取了随机策略，那么你在面对这样的对手时有一个最优的虚张声势率可以确保使你的利益最大化。这种情况也出现在考试中，一个老师在为学生出考试题时会随机从教科书中抽取内容，这样一来，学生就需要复习整本教科书才能保证自己考到最优的分数。

除了简单的两人零和博弈外，其他博弈中的理论更加复杂，也更加具有不确定性。比如，赛马、股票交易、国际谈判等多参与者形式的博弈会存在更多的可能性。或许博弈论会给我们的生活带来许多助益，但是是否有人愿意用博弈论来决定自己孩子的未来呢？比如，一场手术可能让你生病的孩子完全治愈，也可能使他出现生命危险。这个时候，你是否还会以博弈论来给出最终的判断呢？对于这样的问题，人们可能会永久地争论下去，因为它直到现在仍没有答案。或许有人会说这是个哲学问题，所以不能用数学来予以解决。但是，在博弈论面前，如果你没有规划和尺度，你甚至无法成为它的观众。

《博弈论》一书既包含了博弈数学理论的细致说明，又包含了该理论多方面的应用与实践。博弈数学理论于1928年开始发展和出版，它主要应用于博弈本身以及经济学和社会学问题。约翰·冯·诺依曼也希望用数学方法来研究这些问题。

如果想要应用博弈论，我们至少要在所研究的简单博弈中印证这个理论，随着约翰·冯·诺依曼研究的深入，其中的相互关系表现得愈加明显。不过，对约翰·冯·诺依曼来说，博弈论的最终归宿应该在经济学和社会学上。他从一些简单博弈问题深入浅出地阐述了这个理论，尽管这些问题不如实际问题复杂，但它们都具有根本性和代表性，利用它们可以进一步证明：不管是平行利益问题和相反利益问题、完全信息问题和不完全信息问题，还是自由合理的决定、机会影响问题，等等，都能够用一个精确的方法来加以解决。

目 录

导 读

第一章 策略博弈——了解对手，战而胜之

附录一　博弈论定律

附录二　约翰·冯·诺依曼小传

BO YI LUN

导　读

什么是博弈论?

在现实生活中,我们常常会用数学来解决经济学问题。这种尝试虽然足够频繁,但至今还没有完全取得成功。之所以会出现这样的现象,是因为人们照搬了物理学的方法来实施这种尝试,而这些物理学方法主要是针对一个系统建立导数方程,并通过导数方程来预测该系统未来可能发生的情况。但是,约翰·冯·诺依曼在《博弈论》中所使用的方法与之却有着天壤之别。约翰·冯·诺依曼没有把经济生活看作一个已知系统,而是将其看作一种由多人参与的博弈。在这种博弈中,参与者需要遵循一定的规则,并试图让自身的利益最大化。约翰·冯·诺依曼研究了参与者的多种可能的行为类型,这些行为既能保障相应参与者的利益最大化,又符合整个博弈的规则。

我们无论在什么情况下对问题进行数学分析，都需要率先用一套公理体系对问题进行数学语言描述。所以，拥有一套完整的公理体系是数学分析的前提。若没有这套公理体系，我们便不能用逻辑推理获得结论。在使用这套公理体系的过程中，人们不用时刻考虑数学表达式对应的现实事物，只需要在逻辑推理的终点将数学符号还原为现实事物。也就是说，这里的每一种数学符号都有其现实意义，但在逻辑推理过程中不需要考虑它们对应的现实意义，只需在得出结论之后再把结论反映为现实事物，这样才能实现这一逻辑推理的价值。约翰·冯·诺依曼根据这一思路对博弈的概念进行了数学公理描述，在此之后，《博弈论》便不用再研究实际生活中的事物，而是成为忠于一种数学形式的理论。不过，实际的博弈顺序仍然是约翰·冯·诺依曼理论的基础，正是受到这些博弈的启发，他才能顺利展开其理论过程。然而，另一方面，读者即使不知道实际博弈的情况，他们也可能明白整个逻辑推理的过程，尽管这对不擅长数学的人来说有些困难。

《博弈论》中首先要构造的概念是个体的策略，具体来说，就是任何参与博弈的人所会采用的策略。在博弈的过程中，参与者势必会有一套属于自己的策略，这个策略也是他

所要遵循的行动法则。参与者在任何情况下的行动都要依据
这套策略的相关要求，若每个参与者都遵循各自的策略，博
弈的过程就被理所当然地确定了，因为参与者最后的收益是
已知的。不过，无论采用哪种策略，参与者只能控制自己的
选择，而不能决定对手的选择。于是，这就引出这样一个重
要的问题，即每一名参与者在不了解其他参与者做何选择的
情况下如何选择策略才能使自身利益最大化？

　　这个问题在零和博弈中得到了解决。零和博弈的特点在
于参与者只有两人，且一方获得的利益恰好等于另一方失去
的利益，或者说一方胜利，另一方注定失败。约翰·冯·诺
依曼在这种信息完美的博弈中证明了每一个参与者都可能拥
有一个最优策略。这意味着博弈中存在两种可能，即两名参
与者中的一个必定拥有取胜的策略，或者每一参与者不会获
得比平局更坏结果的策略。当然，这些情况仅限于信息完美
的博弈，如果在信息不完美的博弈中，情况就不会如此简单
了。不过，约翰·冯·诺依曼仍然找到了解决办法，他在两
人灵活博弈中引入了"混合策略"这一概念，成功解决了这
个问题。采用混合策略就意味着要按照一定概率施行不同的
纯策略。若合适的混合策略能确保先行者获得的收益不低于
1，那么后行者便能阻止先行者获得超过1的收益。通过引入

混合策略，两人零和博弈的问题就能全部解决了。

约翰·冯·诺依曼并不满足于对两人博弈的研究，他接着又进入了超过两人的多人博弈问题的研究。在多人博弈中，参与者可能为了获利而相互结盟，比如形成人数相同的两个联盟，或者形成一个多人联盟和一个"单人联盟"。这样一来，多人博弈又变成了"两人博弈"。在这里，约翰·冯·诺依曼可以直接应用在二人零和博弈中的结论。这就意味着，每个联盟都有与之对应的数值，这个数值表示：一个联盟之外的所有参与者一起采取对该联盟最不利的行动，该联盟成员能获得的最少总收益。简言之，它表示在最坏的情况下每个联盟最少能获得的收益。

约翰·冯·诺依曼正是根据对各联盟对应数值的研究来完整地论述这场博弈的。事实上，在研究博弈的过程中，约翰·冯·诺依曼需要讨论的问题还包括形成联盟所需的条件问题、联盟总收益如何分配给各个成员的问题等。博弈的结果被看作一个归责系统，它规定了每个玩家最终能从博弈中获得的好处。这种好处既可以直接从博弈规则中获得，也可以由联盟其他成员自愿支付。约翰·冯·诺依曼的这个理论尽管不能明确指出哪一个归责系统将会实现，却要求应该优先考虑一个特定的归责系统，即博弈的解，这样做的理由在于博弈之外的因素，如传统习俗、价值观等，也能影响博弈的解的确定。

博弈的不同解决方案反映了参与者组成的社会中的"普遍接受的行为标准"。在参与者的行为标准之中，哪一种归责系统容易实现呢？约翰·冯·诺依曼用博弈的解对这个问题进行了描述。确定博弈解集的标准是：参与博弈的人没有理由认为任意一种博弈解集的归责系统要严格优于另外一种。与此同时，那些与博弈解集无关的归责系统一定会被一些参与者认定为要劣于解集内的一种或者多种归责系统。不过，对于所有博弈而言，是否都存在满足该标准的解集还无法确定。另外，不少特殊的案例显示，在一种博弈中，也可能存在多个不同的这样的标准。

《博弈论》对读者在数学知识方面有一定要求，但这个要求不超过基本的代数知识，且书中对一些数学概念都给出了较为详尽的介绍和解释。约翰·冯·诺依曼每提出一个理论总会提出相应的案例，他用数学方法详细地讨论了这些具体案例，同时抓住一切机会对其数学分析和结论给出文字性说明。基于这些因素，书中的内容对于有"数学短板"的读者来说亦是非常有趣的。这部著作必将成为准确定义和清晰表述经济学的重要工具。

博弈论的"前生今世"

　　日常生活中，我们总能见到大大小小的博弈，博弈可以是多人参与的，也可以是在多团队之间进行的。在博弈中，参与者会受到特定条件的制约，且都希望能使自身得到的利益最大化。参与者往往会根据对手的策略来实施对应的策略。从这个意义上来看，博弈论又可以被称作对策论，同时它还有一个较为通俗的名字，即赛局理论。博弈具有斗争性和竞争性的现象，而博弈论所研究的就是这类现象的理论和方法。

　　博弈论中总是会运用到数学知识，所以它也被看作应用数学的一个分支，或者是运筹学的一门重要学科。游戏和博弈中的激烈结构之间有着相互作用，而博弈论正是用数学的方法来研究这种相互作用。

在一个博弈游戏中，参与者需要考虑对手的实际行为和预测行为，并根据这些行为优化自己的策略。表面上来看，有些博弈中的相互作用是不同的，但它们在运作时却可能表现出相似的激励结构，最具代表性的案例是囚徒困境。

博弈行为通常是竞争性行为，所以这种行为往往会表现出对抗的性质。参与这类行为的人一般都具有各自不同的目标或利益。在博弈过程中，人人都会向着自己的目标努力，他们会充分考虑对手可能采取的行动方案，并制订自己的合理方案，从而使自身的利益获得保障，我们在日常生活中进行的游戏，如下棋、打牌等都属于博弈行为。

由此不难理解博弈论所要研究的内容：事实上，博弈论就是站在研究者的角度，充分考虑博弈各方所有可能的行动方案，并运用数学方法找出最合理的行动方案的一种理论或方法。由于它的主要工具是数学，所以严格来说它是一种数学理论或数学方法。

在中国古代，博弈论思想就已经存在，最具代表性的博弈论研究者是著名军事家孙武，他的《孙子兵法》既是一本军事著作，也是一部博弈论专著。人们最初常把博弈论思想用以研究娱乐性质的胜负问题，比如人们在下象棋、打牌或者赌博中都会用到这类思想。但是，在此阶段的博弈论是相对粗浅的，人们只是根据经验来把握博弈的局势，努力使自身利益最大化，它还没有向着理论的方向发展。直到20世纪初，博弈论才正式发展成为一门学科。

最早开始研究博弈论的是策墨洛、波雷尔和约翰·冯·诺伊曼。策墨洛的研究是用数学方法研究博弈现象的第一次尝试，波雷尔为博弈论的发展起到了巨大的推动作用，约翰·冯·诺伊曼和奥斯卡·摩根斯坦第一次对博弈论进行了系统化和形式化的研究。

此后，约翰·福布斯·纳什提出"纳什均衡"的概念，他认定博弈中存在着均衡点，并运用不动定理成功证明了该点的存在，这一重要的研究为博弈论的普遍化奠定了重要的基础。什么是"纳什均衡"呢？它指的是：博弈中的所有人都将面临的一种特殊情况，即当对手不改变自己的策略时，他当前的策略是最优选择，如果参与者改变他当前的策略，他的利益就会受损。只要博弈参与者都保持理性，那么他们在纳什均衡点上就不会有改变自身策略的冲动。

要证明纳什均衡点的存在，就需要提出一个新的概念，即"博弈均衡偶"。"博弈均衡偶"指的是若参与者A在两人零和博弈中采取最优策略a+，那么参与者B也会采用其最优策略b+；若参与者A采取策略a，那么他的损失不会超过他采取策略a+时的损失，这种结果也适用于参与者B。若给"博弈均衡偶"下一个明确的定义，则是：策略集A中的策略a+和策略集B中的策略b+叫作均衡偶，对于策略集A和策略集B形成的成对策略a、b，总是满足以下条件：偶对（a，b+）≤偶对（a+，b+）≥偶对（a+，b）。若纳什均衡点在非零和博弈中，"博弈均衡偶"的定义则为：策略集A中的策略a+和策略集B中的策略b+叫作均衡偶，对于策略集A和策略集B形成的成对策略a、b，总是满足以下条件：参与者A的偶对（a，b+）≤偶对（a+，b+）；参与者B的偶对（a+，b）≤偶对（a+，b+）。根据这两个定义就可以得到纳什定理：在两人博弈中，只要参与者的纯策略是有限的，其必然存在至少一个均衡偶，也称为纳什均衡点。要证明纳什定理必须运用不动点理论，因为这一理论是研究经济均衡的主要工具。也就是说，找到了博弈的不动点就等于找到了纳什均衡点。

　　作为一种重要的分析工具，纳什均衡点能让博弈研究在特定的结构中找到有意义的结果。但是，由于纳什均衡点的定义中规定参与者不会单方面改变策略，忽略了其他参与者改变自身策略的可能性，所以具有非常大的局限性。纳什均衡点的应用在多种情况下缺乏说服力，因此一些博弈研究者将它称为"天真可爱的纳什均衡点"。

　　除了策墨洛、波雷尔、约翰·冯·诺伊曼、奥斯卡·摩根斯坦、约翰·福布斯·纳什外，对博弈论的发展做出推动性贡献的还有赛尔顿和哈桑尼等人的研究。塞尔顿完善了纳什均衡理论，他剔除了一些不合理的均衡点，形成了两个精炼的均衡新概念，即子博弈完全均衡和颤抖之手完美均衡。

　　时至今日，博弈论已经发展成一门相对成熟和完善的学科。目前，博弈论在多个学科和领域获得了广泛的应用，特别是在生物学、经济学、计算机科学、数学、政治、军事等学科和领域的表现尤为出色。

　　例如，一些生物学家会利用博弈论来预测生物进化的某些结果，或者理解生物进化的原因。1973年，美国《自然》杂志上刊登了一篇论文，其中便提出了一个有关博弈论的生物学概念，即"进化稳定策略"。此外，我们还能在演化博弈理论、行为生态学等方面见到博弈论的身影。作为应用数学的一个重要分支，博弈论还被应用于线性规划、统计学和概率论等方面。

　　一般来说，博弈论引入经济学是由美国著名数学家约翰·冯·诺伊曼和经济学家奥斯卡·摩根斯坦在20世纪50年代率先完成的。现代经济博弈论已经成为经济分析的主要工具，它极大地促进了经济理论的发展，特别是对信息经济学、委托代理理论和产业组织理论做出了重要贡献。

1994年和1996年，以约翰·福布斯·纳什为代表的多位从事博弈论研究和应用的经济学家凭借他们在经济领域所做出的突出贡献成功获得诺贝尔经济学奖。在博弈论未被应用在经济领域之前，传统经济学分析的思路较为狭隘，而博弈论的引入清晰地呈现出经济主体之间的辩证关系，使得经济学的分析有了新的思路，这不仅与现实市场竞争十分贴近，还为现代微观经济学和宏观经济学奠定了基础。

博弈论的基础是建立在众多现实博弈案例之上的。而博弈这一现象具备了一定的要素，主要有五个方面：局中人、策略、得失、次序、均衡。

局中人是博弈的参与者，每个参与者都能对自身策略进行决策，但不能改变别人的决策。若博弈中的局中人只有两个，这种博弈便称为"两人博弈"，若博弈中的局中人超过两个，则这种博弈便是"多人博弈"。

策略是博弈过程中局中人所做出的实际可行的行动方案，局中人的一个策略不是指他所采取的某一阶段的行动方案，而是指他在整个博弈过程中从始至终所采用的一个行动方案。根据可能采取的策略的有限性或无限性，博弈可被分为"有限博弈"和"无限博弈"。在有限博弈中，局中人的策略是有限的；在无限博弈中，局中人的策略则是无限的。

每场博弈中，局中人最后的结果有得有失，因此每局博弈的结果称为得失。局中人博弈的得失与两个因素相关：一是其自身所选定的策略，二是其他局中人所选定的策略。每个局中人在博弈结束时的得失可根据所有局中人选定的一组策略函数来判定，人们把这个函数称为支付函数。

局中人的决策总是有先有后的，与此同时，每个局中人都可能要做多个决策选择，这些选择也是有先后顺序的，博弈的次序能决定博弈的结果。在其他要素相同的情况下，若局中人决策和选择的次序不同，博弈也会不同。

每场博弈都会涉及均衡问题，所谓均衡，即指平衡，或者说相关量处于一个稳定值。这是经济学中的常用术语。例如，若一家商场的商品能够处于一个均衡值，使得人们想买就能买到这种商品，想卖就能卖出这种商品，那么这个商品的价格就是这里的均衡值。有了这个价格做保障，商品的供求就能达到均衡状态。纳什均衡就是这样的一个稳定的博弈结果。

博弈的分类

博弈根据不同的标准可以分为多种类型。

若根据博弈中的参与者是否达成一个具有约束力的协议来划分，博弈可被分成合作博弈和非合作博弈。具体来说，就是当相互作用的局中人就博弈过程制定了一个具有约束力的协议时，这个博弈就是合作博弈，如果局中人之间没有制定这项协议，那么该博弈就是非合作博弈。

若根据局中人行为的时间序列性来划分，博弈也可分为两类，即静态博弈和动态博弈。所谓静态博弈，指的是局中人同时选择所要采取何种行动的博弈，或者在博弈过程中后做出选择的人不清楚先选择的人的策略而做出行动的博弈。所谓动态博弈，指的是局中人的行动有先后顺序，且后做出选择的人知道先做出选择之人的行动。著名的"囚徒困境"

中，局中人的选择是同时进行的，或在相互不知道的情况下进行的，所以它属于典型的静态博弈。而我们常玩的棋牌类游戏中，后行者总是知道先行者选择的行动，所以它属于动态博弈。

若根据局中人对彼此的了解程度来划分，博弈同样能分为两类：一类是完全信息博弈，在这类博弈中，每位参与者都能准确地知道所有其他参与者的信息，包括个人特征、收益函数、策略空间等；另一类是不完全信息博弈，在这类博弈中，每位参与者对所有其他参与者的信息不够了解，或者无法对其他每一位参与者的信息都有准确了解。

在经济领域，人们所谈论得最多的博弈是非合作博弈。一般来说，非合作博弈比合作博弈简单，所以其理论要远比合作博弈成熟。根据复合特征来划分，非合作博弈可分为四类，分别是完全信息静态博弈、不完全信息静态博弈、完全信息动态博弈、不完全信息动态博弈。其中完全信息静态博弈对应的均衡概念是纳什均衡，完全信息动态博弈对应的均衡概念是子博弈精炼纳什均衡，不完全信息静态博弈对应的均衡概念是贝叶斯纳什均衡，不完全信息动态博弈对应的均衡概念是精炼贝叶斯纳什均衡。

此外，根据局中人的策略是有限的还是无限的，或者根据博弈进行的次数是有限次还是无限次，又或者根据博弈持续的时间是有限时间还是无限时间，博弈又可被分为有限博弈和无限博弈。若根据博弈的表现形式来划分，博弈还可被分为战略型博弈和展开型博弈。

博弈论是以数学为研究工具的理论方法。博弈论研究的第一步是透过现象看本质，即从复杂的现象中抽出本质元素，然后利用这些元素构建合适的数学模型，再利用这一模型对引入的影响博弈形势的其他因素进行分析并得出结论。这与用数学研究社会经济的其他学科的研究方法如出一辙。

根据博弈元素抽象水平的不同，博弈可分为标准型、拓展型和特征函数型三种表达方式。在日常生活中，我们只需利用博弈的这三种表达方式就能解决许多社会经济性问题，由于它在社会科学方面的贡献以及它自身所携带的数学性质，人们形象地称它为"社会科学的数学"。

博弈论是一门形式理论，它所研究的是理性局中人的相互作用。作为一个成熟的理论，其所具备的理论性质并不比许多科学弱。同样，在实际的应用方面，它也不比许多科学逊色。它不仅在数学领域占有重要的地位，还应用于经济学、社会学、政治学等多门社会科学。

严格来说，博弈论是这样一个过程：它是个人或团体在一定规则约束下，依据各自掌握的关于别人选择的行为或策略，决定自身选择的行为或策略的收益过程。既为一个计算收益的过程，定然与经济学紧密相关，所以它在经济学上是一个十分重要的理论概念。

人们常说"世事如棋"，每一场博弈就像一个棋局，总是包含着变化与不变。若把世界看作一个大棋盘，每个人都是下这盘棋的人，每个人的每一个行为就是在棋盘中布下一颗棋子。在棋局中，棋手们会尽可能地保持理性，精明慎重地选择走好每一步。棋手之间会相互揣摩、相互牵制，为了赢得最后的胜利，他们会不断变化棋势，下出精彩纷呈的棋局。从这个意义上看博弈论，它正是研究棋手们出棋招数的一门科学。每一次出棋都是一个理性化和逻辑化的过程，若再把这个过程加以系统化，就变成了博弈论。在错综复杂的相互影响之中，棋手们如何才能找出最合理的策略，这就是博弈论所研究的内容。

毫无疑问，博弈论衍生于下棋、打牌这些古老的游戏。数学家和经济学家们将这些游戏中的问题进行抽象化，同时建立起完善的逻辑框架，从而在一定的研究体系中探索其规律和变化。博弈论的探索不是一件容易的事情，即使最简单的二人博弈也大有玄妙：若在一场棋局中，棋手都是最理性的棋手，他们可以准确地记住对手和自己的每一步棋，那么一方在下棋时，为了能战胜对手，他就会仔细考虑另一方的想法；同样另一方在出子时也会如此考虑。与此同时，一方还可能考虑另一方在想他的想法，另一方也可能知道对手想到了他的想法，如此往复，问题会变得越来越复杂。

这样的抽象问题会像重重迷雾遮蔽人们的双眼。博弈论要如何着手解决这些问题呢？它如何把现实问题抽象化为数学问题并求出其最优解呢？它如何以理论的方式来指导实践活动呢？这些问题最先在美国大数学家约翰·冯·诺依曼那里得到解决。20世纪20年代，约翰·冯·诺依曼正式创立了现代博弈理论。1944年，现代系统博弈理论初步形成，其标志是约翰·冯·诺依曼与美国经济学家奥斯卡·摩根斯坦合著的《博弈论与经济行为》一书的成功发行。

约翰·冯·诺依曼只解决了二人零和博弈的问题，这种博弈是一种非合作、纯竞争型的博弈，现实中的博弈案例包括两人下棋、打乒乓球等。在这种博弈中，一人赢就意味着另一人必然输，一人胜一筹，另一人必输一筹，而两者的净获利相加始终为零。将两人下棋的博弈抽象化后，就形成了这样的问题：若知道参与者集合、策略集合和盈利集合，如何才能找到其中的"平衡"？如何让博弈双方都感到最合理？最优解或最优策略是什么？怎样才算合理？在解决这类问题时，人们常会使用传统的决定论，并遵循其中的"最大最小原则"。具体来说，就是每一位参与者猜想对手所实行的策略，是源于让自己考虑在何种条件下会让自己最大程度失利，并通过这种考虑制定出最优策略。约翰·冯·诺依曼利用线性运算等数学方法成功证明了二人零和博弈中可以找到一个"最小最大解"。

利用线性运算，二人零和博弈的参与者就能根据对应的概率分布，随机选择最优策略中的步骤，从而使双方利益最大化或相当。这一博弈论的深层意义在于，所得的最优策略与对手在博弈中的操作没有依赖关系。简言之，其理性思想就是"抱最好的希望，做最坏的打算"。

博弈论的意义

　　博弈论的现实意义是广泛而深刻的，从一些现实中的例子就能看出。

　　在日常生活中，我们常常会在消费过程中经历大大小小的"价格战"。例如，我们在选购智能手机时，就能感受到智能手机领域的巨大竞争，各种品牌层出不穷，各种款式的智能手机让人眼花缭乱，各种优惠活动令人应接不暇。卖家们为了提高销量，打出知名度，一而再，再而三地压低价格，高配置低价格的手机越来越多，虽然这种价格战的最终受益者是消费者，但是在市场竞争上，或者说对于企业来说，价格战并不是什么好现象。

　　除了智能手机领域，各种家电的价格大战也不断上演，比如家电企业之间常会进行空调大战、电脑大战、冰箱大战、彩电大战、微波炉大战等。家电大战的受益者同样是消费者，每逢这种价格战时，人们似乎都会"偷着乐"。明明知道会亏本，为什么商家们还要不遗余力地压低价格，义无反顾地投入价格战呢？这其实就涉及博弈问题。对商家来说，其目的是最大化自身的利益，压低价格虽然会使自身利益受到损害，但能够吸引更多的消费者购买产品，达到薄利多销的目的，同时也能打出自身品牌的知名度，实现品牌价值增长，另外，低价销售可以极大地迎合消费者的心理需求，使消费者在长期购买本品牌产品后形成惯性消费，为企业的后期布局打下基础。

　　然而，商家之间的博弈是一种零和博弈，价格战一旦打起来，往往谁都没钱赚，因为博弈双方的利润之和正好是零，这意味着一方获利，必有一方受损，价格战的博弈永远不可能达到双赢或多赢的局面。价格战博弈属于一种恶性竞争，通常会导致多输局面，不过，其竞争的结果也会趋于稳定，达到一种"纳什均衡"。其结果可能有利于大多数消费者，对企业来说却是一场灾难。因此，企业一旦参与价格战无异于自杀。从价格战博弈中能够引申提出两个有价值的问题：第一是价格战达到"纳什均衡"后虽然是一个零利润的结局，但这个结局是有效率的，至少它不会破坏社会经济效率。第二是若企业之间不存在任何价格战，那么敌对博弈将会产生什么后果呢？这时，每个企业可能有两种考虑，它们首先可能考虑采用正常价格的策略，其次则是采用高价垄断策略。采用正常价格的结果是企业双方都能获利。而如果每个企业都能在各自的领域内形成垄断，那么博弈双方的共同利润便会最大化。这时，它们通常会进行垄断经营，抬高产品价格。由这两种考虑，我们可以得出一个基本准则，即企业应该把战略建立在假设对手按照其最优策略行动的基础之上，或者假设自身处于利润最低的条件下，再制定应对策略。

实际上，企业之间的完全竞争所能达到的均衡是一种非合作博弈均衡，即纳什均衡。在这种稳定状态下，企业要销售产品会按照其他企业的定价来定价，消费者要购买产品也会参照各企业的定价来决定是否购买。企业的目标是实现利润最大化，消费者的目标是争取产品效用最大化。由于这是一种零和博弈，所以两者的利润之和是零。此时，企业所制定的产品价格就等于边际成本。企业之间处于完全竞争的状态时，非合作行为能保障社会的经济效率。如果企业进行合作并采用垄断价格，就可能影响社会经济效率。正是由于这个原因，世界贸易组织和各国政府才会反对企业垄断。

　　发展经济和环境污染是一对矛盾，一般来说，发展经济势必会造成环境污染。这种矛盾便造就了污染博弈。发展市场经济会带来污染问题，如果政府不加以管制，企业就会为了利润而牺牲环境。为了追求利润最大化，企业不会增加环保设备，生产产品所制造的污染物便难以处理，这将直接造成环境污染。若所有企业都坚持实施不顾环境污染，只为追求利润最大化的策略，就会步入"纳什均衡"状态。假设在这种状态中，一个企业愿意从利他的角度出发，购买环保设备，增加治理环境污染的成本，那么其总体生产成本也会水涨船高，成本一高，企业就会提高产品价格，而这又会导致产品失去市场竞争力，这样一来企业很难维持经营，甚至有可能破产。要打破这一魔咒，政府就要加强污染管制，使企业在追求利润的同时也要兼顾环境保护，当所有企业都愿意在环境保护的基础上追求利润时，社会的整体效率就会提高，这又会反过来弥补企业在环保方面的投入，最后，不仅社会环境会变得更好，经济也能又好又快地发展。

　　除了价格战博弈论、污染博弈论，还有一种现实中的博弈论值得人们深思，这就是贸易战博弈论。一个国家在国际贸易方面往往有两个选项：一是保持贸易自由；二是实行贸易保护。贸易的自由和壁垒之间也能形成一个"纳什均衡"，而这个均衡的代价是高昂的，它会使贸易双方采取不合作策略，并陷入永无休止的博弈战当中。贸易战一旦打响，必定会使战斗双方的利益都受到损害，所以这是一个双输的策略。例如，A国为了自身利益，采取进口贸易限制策略，具体做法是提高关税，而这势必会使出口国B的利益受到损害。B国为了防止利益受损，就会以同样提高关税的方式进行反击，最终只会使两国利益都受损。相反，如果A国和B国能够达成合作，形成一种合作性均衡，两国都遵循互惠互利原则，减少或免除各自的关税，这样一来，双方都能从自由贸易中获利，与此同时，全球贸易的总收益也会不断增高。

博弈论是现代社会一个热门的研究课题，它不仅存在于运筹学中，也存在于经济学中。近些年，它在学术界的地位越来越重要，许多诺贝尔经济学奖都与博弈论的研究相关。事实上，博弈论并不仅仅是高高在上的学术话题，它所涉及的应用领域不会如此狭隘。在我们的学习、工作和生活之中，随处可见博弈论的身影，比如我们在学习时要与老师、同学博弈，在工作时要与上级、下属、客户、竞争对手博弈，在生活中要与家人、朋友博弈。博弈就在我们的身边，用博弈的方式去思考问题将会给我们带来不一样的思想体验。从某种程度上来说，博弈论意味着一种全新的思想或一种全新的理解分析的方法。

　　博弈论的重要性不言而喻，它能左右你的生活，实现你的价值。若你想成为一个对社会有价值的人，你要学习博弈论；若你想在商场上叱咤风云、获得成功，你要学习博弈论；若你想赢得生活，成为可被人信赖的人，你也要学习博弈论。总之，博弈论已成为当今社会不得不了解、不可不学习的重要理论之一。

如何找到一个最优策略

　　博弈理论中存在一些对人的基本假定，比如它假定参与博弈的人必须是理性的，而理性就意味着他在博弈中是从自己的利益出发的，或者说他是自私的。理性的人在博弈过程中会将自身利益最大化作为自己的目标，因此，博弈论的研究是建立在理性人之间的博弈之上的。约翰·福布斯·纳什利用他创造的"囚徒困境"博弈故事清楚地说明了"纳什平衡"的存在，也即在非合作博弈中存在一个均衡解，这个解可使博弈双方的利益都获得保障。

　　每场博弈中都会涉及三大要素：参与者、策略、得失。在囚徒困境中，两个囚徒是博弈的参与者，他们选择的策略都是承认杀人事实，结果两人都赢得了中间宣判结果。而如果一名囚徒承认杀人事实，另一名囚徒不承认杀人事实，其结果是承认者获得减刑，否认者获得死刑。最后两个理性的囚徒在经过慎重考虑之后，都选择承认杀人事实，这样一来他们都获得了稳妥的保命结果。除了囚徒困境，我们还能在"自私基因""智猪博弈"等理论中找到这种均衡解。

美国博弈论专家罗伯特·阿克塞尔罗德在研究合作型博弈时首先设定了两个前提条件，第一个条件是每个参与者都是理性的（自私的）；第二个条件是没有外界因素干扰参与者的个人决策。这就意味着，在合作博弈中，每个参与者都会为了最大化自身利益而进行个人决策。在这两个条件下，罗伯特·阿克塞尔罗德研究了以下三个关于合作的问题：一是博弈者为什么要合作；二是博弈者在什么时候合作，什么时候不合作；三是博弈者如何使别人与他合作。

这三个问题的研究意义深远，它们在社会实践中的合作问题上多有体现，比如贸易博弈中如何通过合作来使博弈双方都能获得稳定收益的问题等。在博弈过程中，若参与双方都追求自身利益的最大化，就会损害群体利益。

举例来说，若现在进行一场合作博弈，A、B分别代表博弈双方，两者都能自由进行无差别选择。现在，摆在两人面前的选择有两个：合作和不合作。我们用Y代表合作，用N代表不合作，并设定以下规则：若A和B都选择Y，两人都得3

分；若A和B都选择N，两人都得1分；若一人选Y，另一人选N，选Y的人得零分，选N的人得5分。

在这个例子中，对这个两人团体来说，最优的策略是两人都选Y。这样一来，每个人都能得到3分，团体得分就是6分。若两人都选择N，那么每人各得1分，团体得分是2分；若一人选Y，另一人选N，则选Y的人得零分，选N的人得5分，团体得分是5分。

该博弈论通过得分矩阵可以清楚地描述个体理性与团体理性之间的矛盾。若个人在博弈中追求利益最大化，就会使群体利益受损，这就是这类博弈所体现的重要内涵。站在A的角度来考虑，可以发现，若B选Y，A在选N的情况下可以获得最大化利益，即5分；若A在B选择Y的前提下选择了Y，他可以得3分；若B选N，A也选择N，他只能得1分；若A在B选择N的前提下选择了Y，他只能得零分。A所能获得的可能得分从最高到最低分别是5分，3分，1分，零分。对A来说，要使自身利益最大化就是得5分；要使团体利益最大化就是得3分。其中的困境在于如何使每个人在选定策略后都能得到稳定的分数，同时还不让自己离利益最大化太远。个人得5分虽然可以实现其自身利益最大化，但整个团体的分数只有5分；若每人得3分，团体得6分，团体利益就能实现最大化，但个人只能获得3分，距离他们的最高目标5分还差一些。这就是个人理性和团体理性之间的矛盾。

若这个博弈只进行一次便结束，那么它在数学上是没有最优解的。若博弈可进行多次，且两个参与者知晓博弈的次数，那么理性的他们在最后一次博弈中一定会选择相互背叛，这样才能实现自身利益最大化。如果是这样的话，他们在之前的博弈中是否合作都是无关紧要的，即使两人达成了一次合作，也是没有必要的。所以，参与者在知道博弈次数的情况下不会进行合作。

但是，如果这类博弈是在多人之间进行的，同时每一个参与者都不知道具体的博弈次数，那么在这种情况下，参与者就会意识到这个问题，即在持续地选择合作时，每一个人都能持续且稳定地得到3分。若彼此持续不合作的话，每个人只能持续得到1分而已。通过这样的思考，参与者之间的合作动机就非常明显了。多次博弈的过程中，参与者未来的收益要比现在的收益增加一定的折现率，这个折现率越大，则未来的收益越重要。而这个折现率在多人博弈持续进行的条件下相对较大，所以未来的收益趋于最重要。这个时候，参与者的最优策略就与别人采取的策略产生了联系。我们假设一个参与者第一次选择合作策略，之后一旦对方不合作，他便选择永不合作。与这种参与者进行博弈，一直与他合作下去当然是最有利的。我们再假设有一个参与者无论别人采取何种策略，他都选择合作，那么与这种参与者进行博弈，始终不与他合作才能获得最高的分数。与此同时，我们对于那些总是不合作的人往往会采取不合作的策略。

阿克塞尔罗德根据这些思想制定了一个这样的实验：他邀请一群人来参加这个博弈游戏，得分规则与我们提到的A和B之间的合作博弈一样，但何时结束这个游戏，没有人知道。阿克塞尔罗德要求每一个参与游戏的人把自己感到得分最高的策略编成计算机程序，然后让这些程序两两博弈循环进行下去，看一看究竟哪种策略的得分最高。

第一轮游戏总共有15个程序参加，包括阿克塞尔罗德自己制定的一半概率合作一半概率不合作的随机程序和14个主要考察对象设计的程序。在两两循环博弈进行了300次后，阿克塞尔罗德终止了游戏，最后的结果显示，加拿大学者罗伯布的"一报还一报"程序获得了最高得分。"一报还一报"程序的特点在于第一次对局采取合作策略，之后每次对局都以对手上一次的策略作为参考，即对手上一次选择合作，我这一次就选择合作，对手上一次选择不合作，我这一次就选择不合作。阿克塞尔罗德对得分较高的程序进行了分析，他发现得分排名靠前的程序一般有三个特点：一是具备"善良性"，即从来不主动背叛别人；二是具备"可激怒性"，即对于别人的背叛不能一直许以善意的合作，还要具备一定的报复；三是"宽容性"，即别人背叛了你一次，你不能无休止地进行报复，而要在别人选择合作的时候与其合作。

阿克塞尔罗德没有满足已有的实验，他又邀请了更多的人重新做了相同的实验，并在游戏开始之前，向所有人公布了上一次实验的研究结果。这次实验的对弈程序高达63个，包括他的随机程序和62个研究对象的程序。经过一定数量的对局，这次实验的结果与上一次没有区别，最终"一报还一报"程序依然斩获了得分第一名。这次实验证明了"一报还一报"策略仍是最优解，同时也证明了排名靠前的程序都具有"善良性""可激怒性""宽容性"三个特点。63个程序，前15名中除了第8名程序是"不善良"的外，其余程序都是"善良的"；而在得分较低的后15名中，除了一个程序具有"善良性"外，其余都是"不善良"程序。另外，优秀程序具有"可激怒性"和"宽容性"也在实验中得到了证明。与此同时，阿克塞尔罗德在这次实验中还有新的发现，即优秀策略还具有"清晰性"，也就是说，优秀的程序通常只需要在几次对弈之后就能被清晰地辨识出来，而那些复杂的策略却并没有令人满意的得分。"一报还一报"策略显然就具备"清晰性"特点，在应用这一策略后，对手很容易发现其中的规律，并明白只有主动与对方合作才能赢得合作。

博弈中合作的过程和规律

　　罗伯特·阿克塞尔罗德在静态群体中研究博弈论，最终得到的最优策略是"一报还一报"策略。那么作为获得最高分的策略，"一报还一报"策略在动态群体中是否也是最优的呢？假设博弈的参与者们是一个动态进化的群体，那么其中是否会产生"一报还一报"的合作者？他们是否能发展和生存下去呢？一个生物群体是倾向于进化成相互合作的群体，还是倾向于进化成不合作的群体呢？假如所有的成员在最初都是不合作的，那么他们是否会在生存发展的道路上进化成相互合作的呢？罗伯特·阿克塞尔罗德提出了这些具有深度的问题，并运用生态学原理进行了他的第三次实验。

　　罗伯特·阿克塞尔罗德首先假设参与者组成的群体是动态进化的群体，他们会一代接着一代发展进化下去。接着，他又制定了进化的规则：第一，所有参与者在进化的过程中都会有"试错行为"。参与者在一个陌生环境中不知道该怎么做，他只能不断进行尝试，若某种尝试后的结果是好的，他就会照着这个尝试的方法继续做下去。第二，参与者之间会有遗传现象。如果一个人本身是爱合作的，那么他的后代就会拥有更多的合作基因。第三，每一个参与者都具备学习性。对参与者来说，对局过程也是一个相互学习的过程，比如"一报还一报"策略优秀，参与者就会学习这种策略。

在第三次实验中，罗伯特·阿克塞尔罗德规定，参与者在第一轮得分越高，其在第二轮中所占比例就越高，之后每一轮以此类推。这样一来，群体的结构就会随着进化而改变，通过最终的结果能够分析出群体进化的方向。最优的"一报还一报"策略最初只占群体总份额的1/63，进化1000代后，其份额占到了总体的24%。不过，也有一些程序在后代中所占份额是逐渐下降，甚至完全消失的。前15名程序中唯一"不善良"的程序，其策略是先合作，若对手一直选择合作，它就突然尝试一次不合作，当对手立刻报复它时，它又立刻与其合作，若对手继续合作，它又会突然背叛。这个"不善良"程序凭借它最开始的分数优势在接下来的进化中有着一定的发展，但等到一些程序开始消失时，它在群体中所占的比例便开始下降了。通过对这样的合作系数的测量，可以得出结论——群体中的合作是逐渐扩大化的，或者说，群体是向着越来越合作进化的。

罗伯特·阿克塞尔罗德的进化实验说明了这样的道理：优秀的策略总是建立在别人成功的基础之上的。虽然"一报还一报"策略在两人博弈中无法获得超越对手的分数，利用这个策略最多和对方打个平手，但是对于团体来说，它所得到的分数却是最高的。"一报还一报"策略能够使参与者稳定地生存下去，这是因为它总能让对手获得高分。而前15名中那个"不善良"程序总是让自己得到高分，使对方得低分，它总是把自己的利益建立在别人的损失之上，即使它能在一段时间内继续生存，但当那些失败者被淘汰之后，这个投机取巧、爱占别人便宜的成功者也会被淘汰。

如果把坚持"一报还一报"策略的参与者放入一个极端自私自利的群体中，他是否能生存下去呢？如果得分矩阵是一定的，未来的折现系数也是一定的，那么由此可以计算出只要该群体中有至少5%的成员坚持使用"一报还一报"的策略，那么这些"善良的"合作者就能一直生存发展下去。更为有趣的是，只要这些合作者所得分数高于群体平均分，他们在群体中就会逐渐壮大，直到取代整个群体。从反向来看，即使不合作者在一个群体中占有较大比例，他们也不会在未来的进化中一直增长下去。这说明社会群体是向着合作方向进化的，且这个进化的大方向是不可逆转的，随着群体的发展，他们的合作性会越来越大。毫无疑问，这是一个十分鼓舞人心的结论，罗伯特·阿克塞尔罗德用这个结论成功地解决了与"囚徒困境"相同的难题。

罗伯特·阿克塞尔罗德的研究揭示了合作的必要条件：第一个条件是博弈要持续进行下去，参与者在一次或几次的博弈中是找不到合作动机的；第二个条件是决策者要对对手的行为做出"回报"，这个"回报"可以是好的，也可以是坏的，若一个人永远选择合作，那么是不会有太多人选择与他合作的。

合作性的提高第一是要建立在持久的关系上，爱情很美好，但恋人之间的合作也需要建立在婚姻契约上才能长久。第二是每一个想提高合作性的人都要提高识别别人行动的能力，如果你连对方是否合作都搞不清楚，你便没法对他的行为做出回报。第三是要说到做到，信誉第一，若比赛的某一回合别人对你采取不合作策略，你承诺在下一轮比赛中也不与他合作，就一定要做到，当别人知道你是个不好惹的人，就不敢不与你合作。第四是避免一次性对局，能多次完成的对局要尽量分步完成。这样做的好处在于可以使对弈双方长久地维持关系，如此才有合作的可能，比如在贸易谈判的过程中尽量多步骤进行，这样可以一步步敦促别人与你合作。第五是对于别人的成功不要嫉妒，对于别人的失败不要落井下石。第六是不要主动背叛别人，避免成为罪魁祸首，成为众矢之的。第七是不仅要对合作予以回报，也要对背叛进行"回报"。第八是不要贪小便宜，耍小聪明占别人便宜的人不会有人与他合作。

通过对博弈论中合作问题的研究，罗伯特·阿克塞尔罗德发现了两个规律，第一个规律是合作不仅能发生在友人之间，也能发生在敌人之间。在博弈中，友谊不能保证持续的合作，因为它不能作为合作的必要条件。而如果敌人之间能在持续的关系中满足相互回报的条件，他们也能进行合作。举例来说，在第一次世界大战中，德军和英军相互交战时遇到了连续的阴雨天气，结果在三个月的交战中，双方达成了一种默契——不攻击对方的粮草，直到大反攻时才决一死战。所以，友谊不是合作的前提，敌对不代表不会合作。第二个规律是不能把预见性看作合作的前提，低等动物之间可以进行合作，甚至低等植物之间也能进行合作，而这些生物之间并没有预见性。然而，人类是有预见性的动物，若在了解合作规律的情况下，人类的这种预见性可以加快合作的进程。所以，这个时候预见性和学习都是有用的。

如果博弈中出现随机干扰，比如参与者因为相互误会而相互背叛时，背叛者采取"悔过的一报还一报"，被背叛者采用"修正的一报还一报"能使群体利益最大化。所谓"悔过的一报还一报"，就是指参与者对对方的背叛行为有一定概率不予以报复。所谓"修正的一报还一报"，指的是参与者有一定概率主动停止背叛别人。群体成员随机应变的能力越强，这两种策略的效果越好。

阿克塞尔罗德在研究如何突破囚徒困境时，引入了合作概念，他不仅继承了传统的数学化方法来实行这一研究，还与时俱进地借助计算机化的研究方法将这项研究提高到了一个全新的境界。就如何突破囚徒困境，他给出的证明是令人信服的，至少很少有博弈专家能雄辩过他。他用计算机模拟整个博弈过程，为我们得出了一些惊人的结论，他让我们明白了，总得分最高并不意味着在每一次博弈中都要拿到最高分。

从社会学的角度来看，阿克塞尔罗德得出的最优的"一报还一报"策略是一种"互惠式利他"。参与者实行这一策略的动机在于个人私利，不过最终的结果却是博弈的双方都能获利。这种策略几乎覆盖了人类的整个社会生活。人们常常通过送礼和回报的方式来进行交流与合作，这似乎早已成为一种生活秩序，即使相互隔绝、无法用语言交流的人群也很容易理解这种秩序。例如，哥伦布在发现美洲大陆后，最初与那里的印第安人交往的方式就是互赠礼物。无偿捐款看似是一种纯粹的利他行为，但这种行为也可能间接地得到回报，比如它能为捐款者赢得社会声誉等。这些有趣的行为蕴含了生活的哲理，它们能帮助我们理解社会生活，具有非凡的意义。

增加"囚徒困境"的参与者，将它扩展成多人博弈，就能引申出一个更广泛的话题，即"社会资源悖论"。地球上的资源是有限的，人类所能分配使用的资源也是有限的。人们都希望从有限的资源中多分一些，这就导致了利益纷争，个人利益与群体利益的冲突早已屡见不鲜。利用"社会资源悖论"可以解释许多现实问题，比如资源危机、交通堵塞、人口问题等。解决这些问题的方法在于建立规则，控制每个人的行为。

中国传统道德文化中有许多思想与阿克塞尔罗德的"一报还一报"策略相对应，比如"投桃报李""人不犯我，我不犯人"都是该策略的典型体现。由于现实社会生活中充满了随机性，所以这些策略都不能成为最优策略，这正是"一报还一报"在多变环境中的缺陷所在。圣贤孔子曾提出人与人之间应该"以德报德，以直报怨"的观点，这是一种"修正的一报还一报"策略，其先进程度跨越了几千年。"直"的意思是公正，"以直报怨"就是用公正来回报背叛，其所修正的是惩罚背叛者的程度，依据公正的原则，本来要罚背叛者10分，现在只需罚其5分。这样做可以结束世代循环报复的魔咒，让文明得以形成。

　　不过，阿克塞尔罗德的研究是建立在相对理想的假设基础之上的，这使得相关的研究难免会与社会脱节。在阿克塞尔罗德的研究中，他假定了个体之间的博弈完全不存在差异，而现实生活中这种公平是难以达到的。在现实生活中，参与博弈的人可能存在着实力上的差异，当两者相互背叛时，可能是强者得3分，弱者得0分，而不是两者每人得一分。这样一来，弱者的报复对强者不起作用，因此也就丧失了意义。假如博弈双方的实力确实旗鼓相当，但一方存在赌徒心理，认定自己比对方实力更强，只要采取背叛就能占得便宜，那么在这样的情形中，阿克塞尔罗德的得分矩阵是不适用的。若这种赌徒心理不断蔓延，势必会引发许多零和博弈，这也是现实中经常会有的情况。所以，阿克塞尔罗德的程序还能根据这些特殊情况继续改进。

　　有不少人支持阿克塞尔罗德的"一报还一报"结论，但也有人对他的观念产生了质疑，比如阿克塞尔罗德坚持认为合作不需要信任，也不需要预期就是诟病最多的地方。人们习惯根据对手之前的策略来安排战术，合作者希望识别与其产生相互作用的个体和历史，这样才能根据预期做出反应。在复杂的环境中，信任可能促成合作，或者成为合作的必要条件。但将预期和信任反映于计算机程序是有待研究的。

　　现实生活中存在的博弈大多数是一次性博弈，这种博弈引发不合作是常有的事情。然而，重复博弈的例子却很少或很难实现，参与者在遭到背叛后往往没有机会给予反击，甚至毫无还手之力，比如核威慑、资本实力悬殊的违约行为等。因此，这时就要引入法律手段，用法律的惩罚来取代"一报还一报"，实现依法治国，以法律促进合作。

博弈论的应用

博弈论在现实生活中具体化的应用主要是在企业经营和管理中的应用。

首先来看博弈论在企业经营活动中是如何应用的。

波特五力分析模型是由哈佛商学院教授迈克尔·波特提出的一项用于分析市场竞争和态势的模型。该模型中有一个特别有意思的概念，叫作"潜在进入者的危险"。我们知道市场类型主要有四大类：完全竞争市场、垄断竞争市场、完全垄断市场和寡头垄断市场。各大行业市场中多数是垄断竞争市场。垄断竞争市场遵循优胜劣汰原则，有新企业进入市场，也有旧企业退出。于是现有企业与新进入企业之间就产生了博弈，两者的博弈取决于资源控制、企业市场优势、规模经济效益等因素。

如果你是现有市场中的行业垄断者，为了防止潜在竞争者进入市场，你会采取怎样的策略呢？

你可以用以下几个博弈策略来保障自身利益。

策略一：扩大生产能力。

垄断者对潜在进入者实行"威胁策略"，目的是为了防止他们进入市场。但要达到目的，这种"威胁"要具备可信度，而要使"威胁"具有可信度主要取决于垄断者的承诺。对此，垄断者要研究让"威胁"变得可信的条件是什么。一般来说，若垄断者不实行这种"威胁"，他就会遭受更大的损失。实行"威胁策略"需要承诺行动，这就意味着要付出成本，而"空头威胁"无任何成本，所以这种"威胁"无法有效阻止潜在竞争者进入市场。企业发一个声明进行自我标榜或宣称将要做什么是非常容易的，但它们很难带来实质性的效果。因此，对局者必须采取具有较高成本或要付出较高代价的行动，他的"威胁"才能变得可信。

策略二：保证最低价格。

"保证最低价格"就是要限制性定价。若潜在进入者的产品定价是A，那么企业只需要将产品定价低于A，就能防范其进入市场。如某家电商家以低价出售一批高端配置电脑，并承诺在未来一周内若其他商家以更低价格出售相同商品，就会退还全部差价并按照差价额的20%予以补偿。例如，一个消费者在该商店用10000元购买了一款电脑，三天后，其他商店相同的电脑指定价5000元，那么这个消费者就能向原商家申请补差价和赔偿。它不仅能获得5000元的退款，还能获得1000元的补偿。

假设一个企业面临一个存在两期的市场，会做出以下选择：

第一期定价100元，并以垄断高价获利20000元。潜在企业见到该行业有利可图就会选择在第二期进入市场。当两大企业都售卖相同商品时，其价格会降为50元，利润变为10000元。于是，该企业两期市场总共获利：20000+10000=30000元。

为了防止潜在企业进入市场，该企业在第一期制定低价60元，获利15000元，潜在企业进入市场后，价格降为30元，两个企业的利润都为0。

潜在企业不会在该企业制定低价后进入市场，因为它明白即使进入第二期市场，其利润也是0。这样该企业就能确保在第二期制定一个垄断高价100元，因此其两期总利润为15000+20000=35000元。

企业的最低价条款可以使消费者在未来一周内不因商品降价而后悔购买商品，这不仅是对消费者的一种承诺，也是对竞争者的一种警告。在法律限制下，商家向消费者的承诺一旦公布便不得不实行，否则就会受到法律的制裁，这就保证了该承诺具备了绝对可信度。同时，商家对其他商家发出的不要降价竞争的"威胁"也会达到其预期效果。

策略三：掠夺性定价。

企业把产品价格制定为成本价以下，让潜在竞争者认为无利可图，从而打消其进入市场的可能。这样一来，就能达到驱逐其他企业的目的。而当竞争对手被驱逐到市场外后，企业就能利用自身在市场内的垄断地位回调价格，并以垄断高价弥补前期的损失。掠夺性定价也可称为价格报复策略。限制定价针对的是还未进入商场的潜在竞争对手，其目的是以一段时间内维持低价来打消潜在对手进入市场，而掠夺性定价针对的是即将或已经踏入行业市场的新企业，例如你在新企业进入时扩张产能，使行业的产能过剩，并以超低价竞争，往往就能防止新企业进入。

策略四：广告战博弈。

在商业圈内，优秀的商品不计其数，有些商品看起来其貌不扬，只有真正使用过后，人们才知道它的价值如何、质量如何。企业家们形象地将这类商品称为经验品。一个企业的产品质量堪忧，那么它一般不会去做巨额广告，因为低质量经验品很少能吸引回头客，它明白自己没有强硬的筹码去博弈。而那些能生产出高质量经验品的企业才是巨额广告的金主，这些企业的底气在于高质量经验品往往能吸引大量的回头客。

古诺模型和伯川德模型是用来描述企业之间产量竞争博弈、价格竞争博弈的有效模型。无论从宏观层面还是从微观层面，博弈论对企业制定竞争策略都有指导意义。在当今激烈的市场竞争中，利用博弈论思想来经营和管理企业越来越受到企业家们的青睐，商业博弈的艺术不仅能带来名誉，还能带来切实的利益。

其次，我们再来看一看博弈论在企业管理中是如何应用的。

市场经济的发展促使商业竞争日益加剧，而在现代企业的经验决策中，博弈论的地位日益增高。行业内，大大小小的企业之间都存在竞争，但主要表现在为首的几大企业或集团之间的对抗。这些竞争都能归结为博弈问题，若企业能运用博弈论模型进行决策，将会使决策变得更加合理。各种社会竞争的加剧，让人们开始追求效率、执行力和理性决策，这些方面都充满了博弈思想。

为实现自身利益的最大化，企业要根据市场情形做出最优决策。很多企业会在做出决策行为之前热衷于进行市场调研，主要是因为不同的市场情形对决策的影响是不同的。

例如，企业在完全竞争市场和寡头市场中所做的决策往往是不一样的。在完全竞争市场中，若一种商品的市场价格是给定的，企业就会根据该价格进行博弈模型的计算，从而决定生产多少产品和向市场供应多少产品。但在寡头市场中所遇到的情况就会复杂很多，企业所要面对的市场信息是不完全的，面对各种强大的竞争对手，企业的决策能力有限，但是市场时效性又会逼着企业做出决策。不过，企业可以在这种情况下做出三个合理假设：

第一是使自身成为理性的经济人，一切行动都要以利润最大化为出发点。

第二是要以他人的生存为自己的决策前提，不能盲目做出决策。与他人建立相互依赖关系或合作关系，使决策能对其他主体产生影响，同时其他主体的决策也能影响自身的决策。

第三是建立寡头市场情形。若行业内只有少数几家企业，则每个企业的市场份额就会变大，在竞争对手较少的情形中，每个企业的行为都会产生较大的相互影响，其中的决策就会充满博弈色彩。

企业在决策过程中要充分考虑均衡问题。在企业博弈中，每一个理性决策者都要在其他参与者反应的基础上来确定自己的理想行动方案。若每一个参与者共同产生的结果是均衡的，那就说明局中人的策略组合是最优的。这个均衡的结果既不意味着每个局中人能获得最大化利益，也不意味着整体能获得最大化利益，它只是一种给定条件下的必然结果。若这个均衡被一方打破，它就可能获得一个更差的结果。近年来，博弈论越来越受到商业界人士的重视，通过调整决策达到合作共赢逐渐成为市场的主流。

如果没有博弈论的研究成功，人们对现代社会竞争和冲突这些现象的理解将处于一个非常浅薄的阶段。正是有了博弈论的研究结果，我们才能受到启发，在现实生活中努力寻求合作共赢。

企业是社会的重要组成单元，要想构建和谐社会，企业需要承担起相应的责任。企业要想实现和谐的目标，就需要以服务社会为宗旨，以公平诚信为原则，以安全环保为基础，以协调有序为保障，以依法治企为根本，以科学发展为目标。这就要求企业建立一个长期有效的协调机制，实现内外环境的和谐，将企业效益和社会效益相统一，从而使企业获得可持续发展。

市场经济中的每一方都在为自身利益而奋斗，不管个人还是企业都会在各自所在的环境中进行大大小小的博弈，而在博弈当中，冲突和矛盾是难以避免的。

随着社会企业现代化进程的加快，企业分工、员工收入、社会保障等诸多领域的矛盾越来越多，越来越复杂，忽视差距和矛盾，否认博弈的现实只能让问题变得尖锐化，所以无论企业还是个人都应该客观看待差别，正视现有的矛盾，用博弈的思路和合作的方式来面对未来。

那么，在博弈中，什么是各方达成协议的基础呢？没有规矩不成方圆，任何情况下都有规则的约束。所以达成协议的首要基础是规则的透明，它也是人们互相信任的首要条件。除了规则透明外，诚实守信也是合作的基础。对政府管理者来说，保证公开、公正执法是取得人民信任的前提；对企业管理者来说，取得员工的拥护和信任是实行企业决策的前提；对竞争企业来说，讲求诚信、公平、公正，才能在行业内立得住、站得稳。若规则不透明，就会产生信任危机，管理者就不能与群众或员工达成共识，社会或企业就不可能向着和谐、稳定迈进。

企业之间的和谐要建立在合作共赢上。作为博弈的参与者，各企业要达成协议，需要各方面都能接受，而不一定要求各方利益均等。在实现和谐的道路上，企业要制定合理的制度用以解决问题，而制度的建立需要利用科学的手段才能

博弈论

实现。企业之间一旦达成合作，就要约束好自身行为，不能想怎么样就怎么样，共赢是双方共同的目标，也是合作的最终目的，它能引导和督促双方向着共同的利益迈进。如果不能保障各方共赢，合作就会产生裂缝，背叛的一方就得不到各方的支持，企业也就无法达到和谐、稳定的状态，甚至还可能导致严重的问题。

在博弈中，经济利益只是构建和谐的部分因素，却不是全部因素。人文因素也是构建社会和谐的基石。企业管理者要多与员工沟通，多了解他们的非经济需求，做到人文关怀，这对促进社会和谐同样非常重要。

BO YI LUN

第一章

策略博弈

——了解对手，战而胜之

　　博在古代指的是赌博，而弈则是下棋或者围棋；棋盘中的每一步都暗藏着玄机。博弈的观点经常出现在我们的视线中，究竟何为博弈？博弈对于我们的生活又会产生怎样的影响呢？我们从通俗意义上讲，博弈可以被看成"游戏"。简单来说，博弈指的是一个组织或者个人，甚至一个团体，根据自身所掌握的信息，在一定的大环境，以及约束条件下，同时或有先后之分的，一次甚至多次，从符合规则和自身选择的行为以及策略中做出抉择，并且加以实施，最后根据自己的决策从中获得某种收益或者选择结果。

　　其实，博弈就是根据自己所掌握的情况，在自身所处的环境中做出最佳选择的一种谋略。博弈并非深不可测或者多么高深的一门"学问"，而是一种浅显易懂、非常容易被掌握、在生活中非常实用的一门"艺术"。

何为博弈——博弈的分类与基础构成

对于博弈的分类，有一种方式是这样表述的：在宣布博弈结束时，所有参与博弈的局中人所获得报酬的总和是否永远为零？若总和为零，那么就相当于支付只在局中人之间进行，并不产生其他事物的生产与消耗，即我们所接触到的一切具有娱乐性质的游戏。这种博弈称为零和博弈，反之则称非零和博弈。

首先，如果我们可以建立一套针对零和博弈的理论，那么就可以借助这一理论帮助我们处理其他一切博弈。我们将会在零和二人博弈的基础上应对局中人增多的零和n人博弈，零和n+1人博弈。

那么在零和二人的博弈中，应该注意的根本问题是：博弈中的每个局中人是怎么策划其活动的？在博弈的各个阶段，他们又有什么情报信息呢？若其中一个参与者了解到另一个参与者的策略，会对整个博弈产生什么样的影响呢？若了解了全部关于博弈论的理论知识，又能起到什么样的作用呢？

我们首先要做的就是对博弈进行一个概念的定义。

关于博弈的概念，有很多是比较基本的，但是博弈是一个具有组合型的概念。在日常语言描述中，它的用法经常模棱两可。对于博弈的解释，有时表示一种含义，有时又另有所指，甚至会让人认为对博弈的解释就是它的近义词，基于此，我们将会给出专业的术语：

首先，博弈是一个十分抽象的概念，它与某些博弈比赛有着一定的差别。我们必须将博弈的抽象概念与博弈中的赛局进行区分和分辨。前者指的是，那些能够描写博弈这个抽象概念的规则全体，是博弈从开始到结束，按照特定的方式进行，整个进行的过程称为一场博弈。在日常生活中，我们通常会将"一场"称为一个竞赛，诸如，国际象棋、扑克、体育运动等。

其次，"着"（读作zhao）是博弈的构成元素，我们也应该知道其界定。"着"指的是，在赛局的所有可能选择中做出抉择的权利，此项权利可以交给赛局中的某一个人执行，或者采用随机的方式进行，而这些方式在博弈的具体细则中都有非常明确的规定。因此，"着"不仅代表了博弈中的"决定权"，还是博弈的组成元素。在每一个具体的赛局中，所有的抉择都是由一种特定的走法决定的。所以，"着"对于选择而言就相当于局对于博弈。简言之，一系列的"着"共同组成了博弈，一系列的选择构成了整个局。

最后，要明确博弈的规则与整个赛局中的人的选择、策略并不相同。在赛局中，每个人都可以随意做出自己的选择，我们将这种选择的任意性称为支配个人选择的一般原则。由于每个人的策略在本质上有着好坏之分，是否采用他们的决策则是每个赛局中的参与者的自由，但是这些都是在博弈的规则下进行的，然而博弈的规则是不允许被打破的。假设博弈规则遭到破坏，那么整个事件将不再使用最初的规则进行描述了。事实上，在大多数情况中，甚至是在物质基础上，规则都是不会被破坏的。

简单说，在国际象棋比赛的规则中，要求所有棋手都不能使用自身的王棋进行"将军"，这就如同禁止"卒"棋横走一样，这些铁定的规则是不容许遭受违反和破坏的。但是，若是棋手把自己的"将"棋放到了下一步对手就能把他"将"死的位置上，那么这是一种不聪明的下棋方法，自然就不属于国际象棋比赛的规则。

假设在一场博弈T中，有n个局中人，为了方便我们了解博弈的基本组成要素，我们将这n个局中人分别标记为1，…，n。根据我们前面的讲述，这个赛局是由一系列的"着"所组成的；假设在赛局进行之前我们便将所有的数目和它们的顺序全部设定完了，在进行的过程中，我们便会发现这些设定好的东西并不重要，想要把它们取消是一件非常简单的事情。此时，在整个博弈局中，我们用字母v表示"着"中特定的数量，而这个v是一个正整数，它表示1，2，…，我们用m1，…，m（v）表示博弈中的"着"，同时假设这便是它们在规定中出现的顺序。

在此次博弈中，每一个"着"m（k），k=1，…，v，它们代表了无数种可能出现的走法，这些不同的选择构成了"着"。此时，我们用a（k）表示赛局中可能出现的不同的走法的数量，用w（1），…，w（k）（ak）表示博弈中所有走法的自身。

在赛局中，可以将"着"分为两种。假设在局中人中指定任意一人做出选择，那么将会依赖他的自由选择权，其中不掺杂任何其他的因素，这种选择被称为"着"中的"第一类的着"，亦或者"局中人的着"。假设在赛局中所做出的选择是建立在某种机械规则上的，那么便会依据一个确切的概率来决定它最终的结果，这种选择方式被称为"第二类的着"，抑或者"机会的着"。因此，对于前者而言，需要指定任意一个局中人的选择来确定"着"的结果，即应该明确指出这个"着"是哪个局中人的意志选择的。若我们用k（k）来标记这个局中人，即他的序列号码，由此一来，k（k）=1，…，n。

对于第二种"机会的着"，我们提前设定好，令k（k）=0。在此种情形下，便会出现不同的走法，即w（k），…，w（k）（ak），那么前提条件是它们的概率必须是已知的，我们用p（k）1，…，p（k）（ak）来表示这些已知的概率。

因此，在任意一个"着"m（k）中的选择，都是从w（1），…，w（k）（ak）中所得到的。即，随机挑选出一个数1，…，a（k）。假设我们用θ（k）表示随即挑选出来的某个数，那么我们能够非常清晰地看出，这个数便是从θ（k）=1，…，a（k）中选择出来的。在此基础上，我们能够将所有的"着"所对应的不同选择表示出来，即m1，…，m（v），那么整个赛局便能清晰地表示出来。简单说，这个赛局便能够用一个直观的数列表示出来，即θ1，…，θ（v）。

事实上，整个博弈T中的所有规则必须提前明确，若一个赛局是由一个已知数列θ1，…，θ（v）表示，那么，任何一个局中人k=1，…，n，在此赛局中的结果是什么，这就说明，在整个赛局结束时，参与博弈的每个人将会获得怎样的报酬。假设我们用F（k）表示每个局中人应得的报酬，当k获得一笔报酬，那么F（k）>0；假设他在对局中付出了一笔报酬，那么F（k）<0；若以上两种情况都不符合，则F（k）=0。因此，对于每个F（k）都应该是由函数θ1，…，θ（v）所得出的，即：

F（k）=F（k）（θ1，…，θ（v）），k=1，…，n。

此时，必须强调博弈T的规则仅表示了F（k）=F（k）（θ1，…，θ（v））是一个函数，这就意味着每一个F（k）所对应的变量θ1，…，θ（v）是一种抽象的依从关系，而且其中的任意一个θ（k）是一个变量，它的取值范围是1，…，a（k）·θ（k）的特定数值。简言之，它是从数列θ1，…，θ（v）中选择的，并不属于博弈T里。正如我们前面所讲到的，这便是对一个局的定义。

博弈的解——混合策略

　　假设博弈中的每一个局中人在博弈开始前就已经设想了可能发生的一切情形，并做出了相应的应对决策，也就是说局中人事先已经对博弈有了一套完整的计划，只要局中人对于每一种可能发生的情况，以及在那个时刻他所掌握的每一条情报信息的判断与博弈规则提供给局中人的情报形式相一致，这个计划将明确他会采取什么样的选择。这时，我们把这种计划称为一个"策略"。

　　相信不少人都玩过井字棋游戏，假设在游戏中自己先行，只要自己的方法是正确的，那么对手将无法击败自己。相反地，假设对方采用了正确的方法先行，那么自己将无法赢得对手。对于这种类型的博弈来说，它们最终的胜负结果都是随机的。

假设在某个博弈中，参与者轮流将硬币往桌上放，直到参与博弈的一方放不下硬币时，就意味着这个参与者在博弈中失败了。若在这个博弈中，自己作为先行的一方，那么便会采用完美的策略保证自己最终获胜。最简单、常用的策略是先行的一方将硬币放在圆桌的正中心，由此一来，不论对手将硬币放在何种位置，先行的一方都能够将硬币放在恰好对称的位置，这能够保证先行的一方永远不会输，而且输掉博弈的人只能是对手。

象棋实际上也和上述的博弈一样简单，假设参与博弈的两个人都拥有非常良好的计算能力，那么博弈的结果无外乎：双方打成平手、先行者必然获胜、后行者必然获胜。虽然我们并不知道最终的博弈结果是哪一种，但是我们通过博弈的逆向推理，博弈论很好地证明了象棋必定具有这种简单属性。

假设我们将象棋看成简单的博弈，那么猜硬币则不属于此类博弈，若是参与猜硬币的双方想要保持一致，那么当其中的一方选择正面时，另外一方也需要选择正面，但是假设先行者选择了正面，同时对手知道了先行者的选择，对手为了战胜先行者，便会选择反面。这时先行者又会选择反面，那么对手知道后，便会选择正面。由此看来，这是一个无限循环。

通过这类博弈，我们能够清楚地认识到，如果你不想让对手知道自己的"秘密"，那么自己也不要知道。或许你可以采用投掷硬币的方式，并且用正反面决定自己所要采取的行动，在这种随机的决定下，即使你的对手十分理性，同时知道了你的政策，最后他能获胜的几率也仅仅是一半罢了。

我们经常玩的游戏"石头、剪刀、布"，还有"配铜钱"等，都属于零和二人博弈的问题。但是这些博弈问题中，往往包含参与者自身的经验和生活常识等影响因素。

比如，有些人玩过的"配铜钱"游戏，无非是出"正面"或者"反面"两种博弈的策略选择方式，重中之重是参与博弈的人需要猜测对方的策略，这种方式似乎非常困难，而且不具有规律性。由于这个游戏的博弈规则十分明确地规定了，当其中的一个参与者做出自己的决策时，另外一名参与者禁止得到对方做出的选择的任何信息。但是这种说法仅考虑到理论层面，实际生活中进行类似的游戏时并非如此。

假设，两个局中人进行一次"配铜钱"游戏，其中的一个参与者在此次赛局中不会刻意去揣测对方的意图，而另外一位局中人是智力中上等的参与者。那么，这个局中人在博弈中要做的就是，尽量避免让对方猜到自己的对策。因此，他会在连续的局中毫无规律地出"正面"或者"反面"。

实际上，我们需要了解的是参与博弈的人在同一单独局里的对局策略，那么我们便需要针对一局进行研究和讨论，而不是讨论局中人在一连串的局中的策略。假设我们不用局中人是否出"正面"或者"反面"，而是规定出"正面"的概率为1/2，出"反面"的概率也是1/2。为了保证博弈的有理性，我们规定博弈的局中人可以在他们选择行动前，采用随机的方法，来选择自己究竟是出"正面"还是"反面"，这样就能够保证他们的利益不受到损失。这种前提规定的优点是，不论对方选择出哪一面，前面的局中人对博弈赛局的期望值永远是0。这种方式的特别之处在于，若是其中的一方十分确定对方要出"正面"或者"反面"，那么他对整个赛局的数学期望都将是0。此时，若是对手也选择了和局中人同样的做法，那么结果自然是一样的。

假设我们提前设定，"配铜钱"博弈中的一个局中人能够自主选择他认为的所有可能获胜的策略进行整合，在这种情况下，能够保证他自身的利益不受损。由此一来，采用这种决策方式，不论对手做何选择，他都不会有利益损失。相同地，假设对方也使用这种策略，便能让前面博弈对局中的人不论怎样也赢不了。

"石头、剪刀、布"中的博弈亦是同样的道理，因为每一局的玩法都会出现3种可能，与上面所提到的"配铜钱"游戏相似，选择所有可能的"混合"方式，便能获得最好的博弈策略。

除了"配铜钱"中的博弈外，我们还可以针对生活甚至文学里的内容研究博弈，就像下面这个福尔摩斯探案集中的故事：

为了躲避一直在追踪他的莫里亚蒂教授，夏洛克·福尔摩斯迫切想要离开伦敦，然后前往多维尔港，再从那里前往欧洲。然而一切并非他想象中的那样，当他乘上火车，列车将要出发时，一个他最不想看见的面孔出现在站台上，他看见莫里亚蒂教授正在站台上望着他。

在夏洛克·福尔摩斯看来，当他的对手发现自己时，便会有把握用特殊的方式追上他，而这时福尔摩斯若想逃脱对手就会有两种方法：要么直接前往多维尔港，要么只能在去往多维尔港的中间站坎特伯雷下车。此时，若是福尔摩斯的对手能够有足够的智谋，并且预料到这些情况，而且有着与福尔摩斯相同的选择，那么两个人便会选择在同一个地点下车。假设双方都不确定对方的行动决策，那么使用上述方式后，若最终他们的下车地点是同一个地方，答案不言而喻，夏洛克·福尔摩斯定会落入莫里亚蒂教授手中；相反地，若是夏洛克·福尔摩斯成功到达了多维尔港，那么他便能够逃脱莫里亚蒂教授，成功按照自身的计划远走高飞。

此时，我们不禁会疑惑，在一场博弈中究竟何种策略才是最佳选择呢？尤其是在这个故事中，怎样决策才能保证夏洛克·福尔摩斯成功逃离莫里亚蒂教授呢？他们两人的博弈与"配铜钱"中的博弈有异曲同工之妙，即莫里亚蒂教授非常希望他在这场博弈中，能够成为那个成功相配的局中人。

博弈的策略无外乎两种：第一种是夏洛克·福尔摩斯成功到达了多维尔港，但是莫里亚蒂教授停留在了坎特伯雷，那么这就意味着福尔摩斯是此次博弈的赢家；第二种是虽然福尔摩斯在换乘的地方成功逃离了莫里亚蒂教授，但是最终未到达欧洲，这种情况是此次博弈中的一个和局。

掌握“情报”——博弈的制胜法典

在博弈赛局中，当局中人的某个规定属于自身的“人的着”到来时，即参与赛局的每个局中人需要做出决策时，这个局中人掌握了何种信息或者情报，我们还未了解，接下来将进行情报方面的讨论。

当博弈进行时，其中的局中人需要做出自己的选择，此时需要考虑到所包含的所有的“着”。假设我们将探究目标放在一个特定的“着”上面，若这个特定的“着”是一个“机会的着”，便说明了局中人的选择取决于机会，此时任何人的意志、关于其他事情的知识和见解都不会对其造成干扰。

相反地，当我们所考虑的“着”是一个“人的着”时，假设其中的一个局中人是“人的着”，那么在他进行选择

博弈论

时，就需要参考他所掌握的情报信息，这对他来说非常重要。

简单地说，选择"人的着"的局中人，能够掌握的情报信息主要是，在赛局之中前面所出现的"着"，而这些"着"将成为他做出选择的主要参考信息。换句话说，他可能掌握整个局中的基础信息，但是他并不知道其中的具体细节。即当博弈赛局中的人进行选择时，他究竟掌握了多少有关的、具体的情报，是博弈中的一个重要特性。

当博弈中的每个局中人进行选择时，假设我们只知道局中人的号码，但是其中的某个局中人知道局中的"着"，而剩下的局中人并不清楚局中的"着"，那么前者所掌握的信息是具有前备性的。假设局中人所掌握的信息属于"着"，那么这个局中人相对于"着"而言是前备的，而这种前备性包含着先现性，但是反过来说，先现性并不蕴含前备性。

虽然博弈赛局中的前备性有一定的局限，但是它值得我们对其进行更加深入、细致的研究。对这个概念自身而言，以及它和先现性的关系，它包含了博弈赛局中可能出现的种种情况，这些可能出现的情况，在不同的博弈赛局中包含着不同的含义。

我们不难发现有些博弈中的前备性和先现性是两种不

同的情况，这就意味着，在这些博弈中，在某个"人的着"中，其中的一个局中人清楚地知道赛局之前出现的所有的"着"中的选择结果，这种是具备"完全"情报的博弈，最典型的代表是国际象棋。同时，此种类型的博弈通常被称为比较具有合理性质的博弈。

在国际象棋中，还有一个比较特殊又明显的性质，即其中所有的"着"都属于"人的着"。而且，尽管是在"机会的着"的博弈中，还有极大的可能保持着前面所提到的性质，即前备和先现表现出等价性，具有代表性的就是双陆（backgammon，古代的一种搏具，类似于现在的飞行棋）。

在双陆博弈中，掷骰子便是"机会的着"，简言之，其中的局中人每次掷骰子的数字代表着局中人所要走的总步数，这个骰子的数值还是一个局中人所带领的人能够轮流前进的步数，而且对于赛局中所得到的总步数，每个局中人都可以根据自己的选择决定如何分配给他所带领的人；每个局中人对于步数的决策表示"人的着"，而且局中人掌握是否将赌注加倍的权利，还有当对手选择加倍时，他可以选择放弃或者加倍，这些同样属于"人的着"。而且，在局中人进行每一个"着"时，所有的参与者都能够在棋盘上看到之前各种"着"的选择结果。

此时，或许会有人对上面的阐述产生怀疑，当出现"机会的着"时，是否会与上面的"合理性质"相悖？所有的"着"是不是"人的着"？这些问题其实并没有很大的影响，重要的是前备性和先现性之间的结合。

除此之外，还有不少博弈中的先现性不具有前备性，这表示在"人的着"中，参与赛局的局中人并不清楚前面做出了怎样的决策。事实上，有较大的一类博弈中包含此种情况，即这类博弈中不仅包含了"机会的着"，还包含了"人的着"。通常情况下，这种博弈被认定为具有混合特征。一般认为这类博弈的结果取决于选择的机会，但是局中人的策略选择能力也在极大程度上影响着博弈结果。

扑克和桥牌是帮助我们研究前备性的有力例子，同时这两种博弈还能让我们清楚地了解到，前备性与先现性不一致时，它所表现出来的特殊性，而这需要我们进行细致的考察和研究。

所谓先现性，指的是赛局中所有"着"的先后顺序，而且它具有传递性质。这就意味着，赛局中的"着"是A、B、C、D、E、F……假设B先于C出现，而C又先于D出现，那么B一定先于D。

但是，依照我们所讲述的情形，前备性不一定会被传递。其实，在扑克和桥牌博弈中，前备性并不全部是具有传递性的，而且若想出现前备性被传递的情况，则需要比较有特点的前提条件。

不可传递性

在扑克博弈中，假设我们用A表示把一手牌发给局中人甲，那么这被称为一个"机会的着"，而A1则是局中人甲在赛局中的第一次下赌注，这是甲的一次"人的着"；我们用B表示局中人乙的第一次下赌注，同样这是乙的一次"人的着"。因此，A前备于A1，A1前备于B，但是A并不前备于B。于是，传递性在这里并未得到体现，只是上述情况会涉及参与赛局中的两个局中人。

其实，在任何一场博弈中，所有的局中人的"人的着"之间，似乎难以发生前备性无法满足博弈的条件。若想在博弈赛局中不满足传递性，便需要他将自己在A1和B之间忘记在A中所做出的策略，我们无法想象怎样让局中人忘记自己的选择，哪怕使用一些强迫性的办法也可以。下面这个桥牌的例子能够非常清楚地做到上面所讲到的这一点。

众所周知，桥牌游戏是由4个人组成的。假设我们将这四个人分别记作甲、乙、丙、丁，但是此种博弈属于零和二人博弈。实际上，甲和丙会形成联盟，这并非在自愿基础上形成的合伙；同样，乙和丁也会组成联盟。假设，甲没有与丙建立合作，而是和乙或者丁建立合作，那么这种行为便意味着"欺骗"，这种性质像甲在博弈过程中偷偷瞄了乙手中的牌一样，或者在打牌的过程中能够跟牌但是没有跟牌一样。通俗地讲，这种行为其实破坏了博弈的规则。

同样，假设有三个人甚至更多个人进行扑克博弈，其中的两个局中人或者更多个局中人有着相同的利益关系，那么建立联盟一起对付另外的局中人是完全合理的，但是桥牌博弈与之不同，它要求甲和丙必须是同伙，而且甲和乙是不能合作的。针对此种情况的最简单描述是将甲和丙看成局中人1，而将乙和丁看成局中人2，显而易见桥牌游戏是一种二人博弈，但是两个局中人并非是自己博弈，局中人1通过建立合作的甲和丙进行博弈，而局中人2则通过乙和丁参与博弈。

根据上面的描述，我们清晰地知道局中人1是由甲和丙组成，而且博弈规定他们之间不能互相告知信息，即我们所讲过的交换情报。假设我们用a表示发给甲的一手牌，这代表了一个"机会的着";用a1表示甲在博弈中打出的第一张牌,这表示一次"人的着";同样,我们用b表示丙在桥牌博弈中打出的第一张牌,这表示局中人1的又一次"人的着"。因此a前备于a1,a1前备于b,但是a并不前备于b。

所以说,甲在打出他手中的第一张牌时,他清楚地知道自己的一手牌;此时丙在跟牌中打出他手中的牌时,能够清晰地知道甲打出的第一张牌,但是丙并不知道甲手中的一手牌是什么。那么,传递性在此时并不成立,需要注意的是在此博弈中,仅涉及了一个局中人,而且这种做法真正实现了将局中人拆分为甲和丙,真正做到了在a和b之间"忘记"a1。

上述的这些例子足以说明,博弈中的前备性并不具有传递性,虽然它在博弈中提供了一些"信号",但是这些"信号"体现在一些在实际应用中能够出现的策略。假设我们在b中不清楚a的所有情况,此时若能在a中了解或者观察到一些a1的状况,由于了解a的结果,而且a1曾经受到了a的影响,那么这就说明a1其实代表了a到b的一个信号,即一种间接的情报传递方式。此时,根据a1和b究竟是属于同一个局中人的"着",还是属于不同局中人的"人的着",在这种博弈中会出现两种相反的情况。

其中一种情况,就是我们前面已经讲到的桥牌中的情况中，即对局中人是有利的，能够加快"信号"传递，并且这种信号是在"内部组织机构"中发布的，它是依靠桥牌中常用的信号打法实现的。我们应该注意到，在桥牌中，信号的发布方式是按照规则进行的，那么它会被认为是完全公正的。

比如，甲和丙代表了局中人1，他们能够在博弈赛局开始前约定，"开叫"两个将牌，这就暗示了其余三种花色的牌相对来说比较弱，而且这种约定是被认可的。但是，需要注意的是，在进行此种约定之前必须通知对方，若是没有进行此项做法，便会被归结为"欺骗"，即用故意提高叫牌的声音或者拍桌等方式暗示手上的某些花色的牌相对较弱。

这些都属于博弈的策略范畴，但是并不属于博弈的规则。由此一来，信号的传递方式会有很多种，只是在桥牌博弈中是一种永恒的方式。甚至可以说对于参与博弈的两个局中人而言，所有的"信号"能够用不同的方式传递，假设甲和丙使用一种信号，而乙和丁则使用另外一种信号，但是所采用的信号传递方式，必须保证同一局中人保持一致。

另外一种情况发生在我们所讲到的扑克博弈中，对局中的参与者来说是十分有利的，即阻止信号发布，并且将情报信息用特殊的方式传递给对手，若想实现这种愿望，则需要用不规则甚至不符合逻辑的行为（在进行a1的选择时）完成，此时对手难以从他所能看到的a1的结果中推断出a的选择结果，因为他在这方面没有掌握任何可用的知识。换句话说，这就使得"信号"的含义模糊、不确定，我们可以将其称为"偷鸡"。所谓"偷鸡"指的是一种虚张声势的做法。

我们将上述所讲到的这两种情况中的信号称为"直接信号"和"反面信号"，后者指的是一种误导博弈中对手的信号，这种信息几乎在所有的博弈中都能看到，包括桥牌在内。究其原因，主要是指在博弈赛局中，若问题涉及不止一个局中人时，那么反面信号的前备性则是以不可传递性出现的。

实际上，我们在前面已经讲到，"直接信号"指的是问题只包括一个局中人时，而且必须在前备性不可传递的前提下进行，这就意味着必须让参与博弈的这个局中人"忘记"一些实际情况，而在前面所讲到的桥牌博弈中，若想达到这一点则需要将一个局中人分割成两个。

其实，透过扑克和桥牌这两个博弈的例子，我们不难看出，它们分别代表了两种可传递性，即"直接信号"和"反面信号"。而这两个不同的信号后面又引出了一个比较细致的问题，即在进行博弈赛局中应该如何做到平衡的问题，简单说就是如何实现"合理"的博弈方式。在博弈赛局中，应该发出多于或者少于"简单的"博弈方式中所包括的信号，而且所有的目的都应该"脱离"这种"简单的"博弈方式。但是，若想达到这种状态则需要付出一定的代价才能实现。

事实上，这种"简单的"博弈方式，最直接的后果是遭受一定的损失。此时，想要解决这个问题则需要调整"外加"的信号，进而让它的利益能够体现在促进或者制止情报的传播方面，而且它的利益在一定程度上超过信号所造成的损失。此时，便会让人们觉得问题本身是在寻找一个最佳的条件，尽管我们并不清楚究竟需要怎样的条件，但是我们已经非常清楚地了解到，零和二人博弈中已经涉及这个问题了，我们接下来将用简化的扑克博弈对这个问题进行阐述。

需要我们关注的是，所有具备不可传递的前备性的例子都涵盖了"机会的着"的博弈，虽然这种现象说上去十分奇怪，由于我们在这些现象中看不到任何联系，甚至有头绪的东西。后面，我们将会针对这种情况，对于是否会出现"机会的着"进行分析。

BO YI LUN

第二章

零和二人博弈

——必然有输有赢

　　日常生活中，我们经常会陷入选择两难的困境，有时认为甲比较不错，有时又认为乙也令人满意。那么，我们对此应该做何选择呢？有些事情决策失误后还有重新选择的机会，但是有些事情一旦决策失误就会面临无法改变的状况。如何才能让自己做出正确的决策，远离痛苦和后悔的深渊呢？我们每个人都需要一种更好的选择方法，那就是博弈。

　　我们需要重视任何一次博弈，并且能充分地从历史资料和研究中掌握博弈的规则和理论，以此提升我们的博弈理论水平以及策略选择能力，更好地面对社会中重要的抉择。其实人生就是一场永无止境的博弈，我们需要学会在博弈中生存，与他人友好相处，以及学会适应和使用世界上的其他法则，在这个过程中更好地为自己做出选择。

一人博弈：一场"斗智"之战

前面的介绍与分析让我们了解到对于博弈的形式化的描述，也了解到了博弈策略的雏形，这让我们能够用简单、直观的形式对相当复杂的博弈做出清晰的概述。而且，透过一些简单的博弈，让我们看到了前者与后者之间的等价关系。我们为了方便对其的研究和讨论，还会用另外比较简单的方式给予它们名称，我们将这些不同的命名方式称为广阔和正规化的不同形式。

我们对其的命名方式是完全等价的，我们可以按照在实际情况中较为方便的形式给它们不同的名称，而且这样的做法并不会影响到我们对其讨论的正确性和一般性。

事实上，那些非常正规化的形式更加适合于我们推导出博弈的一般定理，但是对于其中比较特殊的情况，还需要我们运用更加灵活多变、广阔的形式。换言之，正规化的方式能够帮助我们建立关于博弈所共有的性质，但是后者能够更加直观清楚地告诉我们不同的博弈之间性质的差别，以及如何解决这些博弈所出现的结构性差异。

我们已经对博弈进行了较为完整的描述，那么我们需要对此建立正面的理论。我们可以试着想象，若要建立这一理论，需要我们从简单的博弈逐渐过渡到复杂的博弈，这就意味着我们将按照其难度、复杂程度的递增次序对其进行讨论和研究。

我们可以根据参与博弈赛局的参加者数量对其进行划分，即由n个参与者参加的博弈属于n人博弈，同时，这也根据博弈是否为零和进行分类。由此一来，需要我们区分开零和n人博弈与一般n人博弈。

首先，我们对一人博弈做出说明。在正规化的形式中，我们能够看到一人博弈的组成是随机选择一个数，博弈中的唯一的局中人将会得到对应的结果。此时，我们能够非常明了地看出，零和的博弈中是一种空无一物的状态，那么我们便不需要对它再做出任何说明。

其实，我们能够用一种极其简单化的形式对一人博弈做出描述，假设我们用a表示博弈中变化的量，但它所表示的东西，并不只是在一个"着"中，而是代表了局中人的策略，它意味着在一个博弈赛局中所有可能出现的情况。同时，它也代表了这个局中人应对这些情况的所有策略和一套完整的"理论"。

此时，我们需要明白，即使一个人的博弈，它所有可能出现的形式也可能是错综复杂的。简单地说，它有可能同时包括"机会的着""人的着"，而且这些都属于同一个局中人，甚至每一种可能出现的"着"都包含着各种不同的走法。同时在出现任何一个"人的着"时，可以参照局中人掌握的情报信息，也可以根据提前设定的方案应对出现的情况。

我们可以列举出很多单人独玩的游戏，它们的表现形式复杂多变，而且十分细致，但是有一种非常重要的情况——我们所进行的单人独玩的游戏中没有渗透出上述的情形，而这正是不完全情报的一种体现。简言之，在同一局博弈中，唯一的局中人的不同的"人的着"中，具备先现性与前备性等价的情况的要求是：唯一的局中人有两个"人的着"，即A和B，在进行每个"着"时，局中人并不知道另一个"着"的选择结果，在情报不完整的情况下这种情况是难以实现的。

但是我们前面讲到过，可以通过把局中人拆分成两个或者多个具有相同利害关系，同时在情报交换方面是不完全的人，便能够实现先现性和前备性等价的情况。我们可以通过桥牌博弈的例子构造出类似于一人博弈的情形，只是"单人游戏"的多种形式都不属于这种博弈类型。还有一些"双重单人游戏"的规则是在两个参与者之间进行的竞争，它却属于二人博弈的范畴。

这些情形在实际生活中有一定的意义，诸如一些分配方案的决策，当互相交换已经不存在时，且只有一个机构能够转嫁社会产品，那么所有的社会成员的利益关系是一致的。需要注意的是，在这种情况下，我们不能将每位成员都看作博弈的局中人，主要原因是在成员之间不存在利害关系，更不可能出现某些成员联手对付其他成员的情况。因此，我们需要将这个机构看成一个一人博弈，只是在这些社会成员之间存在着不同的联系，这就意味着其中可能会出现不同的不完全情报。

在这种严谨的分配方案的例子中，我们很难对此种分配方案自身进行鉴定，那么我们可以将分配方案与博弈规则联系起来，由于博弈的规则是绝对的、不容侵犯的、不接受批评的，进而帮助它进入一个竞争领域，通过对博弈策略的了解，简单地解决博弈规则内的方案分配问题。

"偷鸡"："虚张声势"促成功

"配铜钱""石头、剪刀、布"等博弈相对简单，而且它们之间的广阔形式和正规化并无本质性的差别。但是，接下来我们所要讲到的是一种形式更加广阔的博弈，因为这些博弈中的局中人有若干个"着"，这就意味着在这些博弈中，广阔的形式和正规化的过渡之间变得更加丰满而有意义。

我们会对扑克中的博弈进行严格的讨论，而实际过程中的扑克相对复杂，但是我们又想进行极其细致的讨论。在此种情况下，可以对其进行一些简化处理，甚至是进行一些根本性的"改变"，方便我们对其中的博弈情况进行研究。基于此，我们对扑克的所有修改都会保留其最初的基本性质和观念。

实际上，扑克可以由任意人数参与，但是我们所要研究的是零和二人博弈，因此我们将参与扑克的人数规定为两人。

进行扑克博弈之前，我们将从所有的牌中拿出5张扑克牌给赛局中的每个人，在此种情况下，每个人所获得扑克牌的组合会有2598960种，这种情况下，我们将其称为一"手"牌。此时，每个人将自己所获得的扑克牌按照从大到小的顺序进行排列，按照我们的前提规定，即每个人一"手"牌的大小对应的是扑克牌的强弱。

其实，扑克牌在实际的玩法中有很多种，或者可以说它有多种变形，我们可以将是否换牌作为区分其是何种博弈的参照点，即"换牌"博弈与"不换牌"博弈两种。

在"换牌"博弈中，参与赛局的局中人可以换掉自己手上的某张扑克牌，或者换掉手上的所有扑克牌，而且这种换牌的方式是"千奇百怪"的。在某些换牌变形中，局中人手中的一"手"牌，往往是在同一赛局中相继获得的。相对来说"不换牌"博弈相对简单，即在同一赛局中，必须保证自己手上的扑克牌不发生变化。因此，我们为了在研究过程中偏向简单，所以只研究"不换牌"博弈。

在"不换牌"博弈中，赛局中的参与者便不需要将一"手"牌作为一手牌，这里所说的一手牌指的是局中人所获得的扑克牌的组合。假设我们令局中人所获得的扑克牌的总数为S，每个人所获得的扑克牌数为s。由于前面已经提到在博弈中如果使用全副牌，那么每个局中人手中的扑克牌的组合为S=2598960。由于发牌是按照一定的规则进行的，所以每个人获得扑克牌的可能性是相同的，那么从全副牌中随便抽取一张扑克牌的数作为s，而s便是赛局中的"机会的着"，而且两个局中人获得其中可能的值的概率是相同的。因此，"不换牌"博弈便由"有机会的着"开始了，我们将参与博弈的局中人分别命名为甲和乙，而给他们抽取的扑克牌数为甲1和乙2。

上述为扑克博弈的第一个阶段，通常情况下扑克博弈进行到第二阶段时，便需要赛局中的参与者进行"叫价"。所谓"叫价"，指的是两个参与者需要下赌注，而这个赌注有大有小，完全取决于局中人自己的决策。一般情况下，当其中的一个局中人"叫价"之后，另一个局中人会有三种选择，即"看牌""不看牌""加叫"。

"看牌"指的是这个局中人接受了第一个局中人的"叫价"，他需要将自己手上的扑克牌全部摊开，与"叫价"的局中人的扑克牌进行比较，最后两个局中人手上拥有较强的一"手"牌的局中人获胜，而且能够获得此次"叫价"的收益，并且结束此局博弈。

"不看牌"指的是，局中人愿意接受他在前一局中最后一次的"叫价"，而且他所接受的这个金额要比现在的数额低，而且两个参与者都没有其他的异议，此时，两个局中人便不会在意各自手上握有怎样的牌，因为他们手上的牌无须全部摊开。

"加叫"指的是，对方能够给出"叫价"者更多的叫价，以此还击"叫价"者给出的叫价，那么在这种情况下，两个局中人的地位便会发生反转，即前面"叫价"的局中人此时便会有三种选择："不看牌""看牌""加价"。其余的对局，便以此类推。

但是，在进行扑克博弈的对局中，若是参与者中的一方手上握有强牌，那么他有极大的叫高价的可能性，而且会根据情况进行不少加叫，主要是因为他有足够的信心觉得自己能够在赛局中获胜。这就说明在他进行加叫或者叫高价的过程中，向他的对手释放了一个信息，即他的对手可以假设他手上握有强牌，那么对手在这种情况下，极有可能在进行决策时会选择"不看牌"。这也意味着，双方在"不看牌"的决策下，无法对双方的扑克牌进行对比。此时，若是手上的牌是弱牌的一方，他便可以选择加价或者叫高价，进而引起对手不看牌，以此达到一种自己手上握有强牌的假象，利用这种方式极有可能用手上的弱牌赢过对方手上的强牌。

在扑克博弈中，这种现象被称为"偷鸡"。显而易见，这种策略大都是在扑克博弈中有经验的参与者才经常使用的方法，但是对于上面的分析一定会有人产生异议，这种研究是否是"偷鸡"的真实原因呢？

其实，我们对此还有更容易理解的解释：当进行扑克博弈时，假设我们都知道其中的一个局中人手上握有强牌，他便会做出叫高价的行为；此时，面对这种情况，他的对手极有可能选择"不看牌"。因此，手上握有强牌的一方便不能再继续叫高价或者多加叫，正是出于此，他手中的牌才能够帮助他赢得此局博弈。所以，他在这种情况下，尽量不能让对手得知自己的真实情况，反过来说，他需要传递给对手的信息是自己手上握有弱牌，但是还在叫高价。

通过上面的分析，我们能够清晰地发现，扑克博弈中的"偷鸡"其实包含两种可能存在的动机：一种是其中的一个局中人手上握有弱牌，但是想要给对手营造出一种手上握有强牌的假象，进而混淆对方的决策。另一种是其中的一个局中人手上的确握有强牌，却要制造出一种自己手上其实是弱牌的假象。这两种动机都是为了向自己的对手传递出反面的信号，给对手的决策造成干扰，进而增大自己在博弈中获胜的可能性。

关于这两种动机是否能够获得更高的收益，还取决于对手最终的决策。比如在第一种情况下，若想真的"偷鸡"成功，需要对手真正选择"不看牌"，才能获得最终意义上的成功。而对于第二种情况来说，其中的一个局中人在对手选择"看牌"策略时，便能成功给对方制造混乱情报，最后获得此局博弈的胜利。

事实上，采用这种反方向的策略带有一定的风险性，由于其中的一个局中人无法判断出对手是否会顺着自己的方向走，所以这种"叫价"的方式自身具有冒险性。

假设使用了不正确的"偷鸡"法，便会偏离好策略，最后导致局中人利益受损。在这种情况下，对手只需要选择坚持一个正确的策略就可以了。当对手选择了一个完美的策略后，即使不正确的"偷鸡"法，也不会给局中人造成损失。但是，当对手在博弈赛局中逐渐偏离完美的策略后，便会给前面的赛局中的局中人造成损失。

这就告诉我们，若想成功地"偷鸡"，其实并不需要在博弈中遇到一个实力相当的对手，而是在于对手是否会在博弈赛局中偏离完美的策略，同时，"偷鸡"对这种情况是有所防备的。

通过上述描述，我们清楚地发现，扑克的此种变形所拥有的完美策略并非一成不变或者最佳的，所以在这种情况中，永久最优的策略是不存在的，而且"偷鸡"其实是在博弈中的一种具有防御性的措施。

你真的会打扑克吗？——"叫价"的艺术

我们在前面的研究中多次强调指出，让博弈中的两个局中人的策略选择相等，是零和二人博弈中最简单的一种方式。在这种博弈中，局中人的策略选择被称为纯策略。事实上我们不应该用这个名称，用"着"来表示似乎并没有显得太夸张。而且，在上面已经讲到的问题中，它们之间存在的广阔形式和正规化之间似乎没有任何明显的区别。因此，在这些类型的博弈中，我们会将"着"和策略等同起来，而这些原本就属于正规化的形式特征。但是我们现在将对一个广阔形式的博弈进行探究，这类博弈中的局中人有若干个"着"，而且这些"着"能够更直观地向正规化的形式和策略进行过渡。

扑克本身具有很多规则，正是这些技术性的规则才避免了赛局中的局中人进行无限次的加叫，保证叫价的次数是有限的。参与扑克博弈的双方，都会自动避免不现实的叫高价，为了避免对手在叫价的过程中出现超人意料的叫价，所以在每局博弈中，都规定了一个最高叫价的数值。除此之外，还规定不能出现过小的叫价，这种规定保证了博弈顺利进行。

在实际进行扑克博弈时，参与赛局中的任意一个人率先叫价，紧接着剩下的局中人进行轮流叫价。在这种博弈过程中，所包含的有利因素和不利因素自身就是一个非常有趣的问题。而且扑克本身是一个比较复杂的博弈，但是为了方便研究叫价和加叫次数的限制，我们将其进行简化。

扑克自身就具有一种不对称性，正是受到这种因素的影响，所以希望在研究的过程中不受这种情况的干扰，这样便能够研究出扑克在最简单的形式下的主要特征。基于此，我们假设参与博弈赛局的两个局中人，在博弈进行中都会根据自己的选择开叫，而且他们不知道另一个局中人做何决策，当这两个局中人分别选择完自己的叫价后，才让对方知道自己的叫价结果，简单说就是让对手知道自己的叫价究竟是"高"还是"低"。

在此基础上，我们再对此种扑克博弈进行简化：假设我们规定参与赛局的每个人都只有两种决策权，即"不看牌"和"看牌"。这就意味着，在进行此次博弈时，排除了"加叫"这种决策。简言之，"加叫"只是在用一种更加巧妙和激烈的方式来达成局中人的某种意图，只是早在其中的一个局中人进行高叫价的时候，便能展现出他的这种意图。由于我们想要更加直白、明了地看待扑克博弈的问题，所以要尽最大可能避免使用多种意图来表示此次博弈中的一种意图。

参照上面的方式，我们设定下面这些条件：除了赛局中的参与者不让对方知道自己的真实意图外，还要考虑到其中的一个局中人的决策被对方知道的情况。试想，当参与扑克博弈的局中人的叫价同为"高"或者同为"低"时，便需要两个参与者将自己手上的牌同时摊开，比较它们的大小。这时，某个局中人手上如果握有强牌，那么他将获得对方手上的数额；假设双方手上握有的牌大小相同，那么便不需要其中的一方进行支付。

除此之外，当其中的一个局中人选择了"高"的叫价，而另一个人选择了"低"叫价时，那么选择"低"叫价的一方便会有两种选择，即选择"不看牌"或者"看牌"。此时，当"低"叫价的一方选择"不看牌"时，而且在不考虑到手上的牌的强弱的前提下，便意味着他将付给对方自己低叫价的数值；当"低"叫价的一方选择"看牌"时，那就意味着他的选择发生了改变，即由"低"叫价变成了"高"叫价，针对这种情况的处理方式便会和最初都选择"高"叫价时一样。

我们再次对扑克的技术性规则进行讨论：在扑克博弈中，我们为了避免局中人会没有限制地加叫，便规定了局中人叫价次数是有限的，这便是终止规则。为了避免不切实际的叫高价发生，因为这对于对手而言将会产生不可预料的后果，所以在博弈赛局中规定了叫价以及加叫的一个上限数值，同时通常情况下，还会规定禁止过小的加叫。因此，我们将会给予叫价和加叫一个限制性的条件，我们在博弈进行前，就设定两个数目，a和b，而且让a>b>0。

同时，我们还规定博弈中的局中人的每次叫价，即要么叫价"高"，要么叫价"低"。在这种情况下，我们将前者定义为a，后者定义为b。叫价高低之间的比值是此次博弈中唯一有联系，并且会发生变化的因素。

假设在进行扑克博弈的过程中，a与b的比值明显比1大，那么这就说明博弈的风险和冒险性极高；相反地，若是a与b

的比值仅仅比1大一点，那么这就意味着此次博弈较为安全。

现在，我们将叫价和加价的次数限制对整个博弈过程进行简化。实际上，在日常生活中进行扑克游戏时，其中的一个局中人率先开始叫价，之后局中人开始轮流叫价。

由于在扑克博弈中，其中的一个局中人拥有第一次叫加权，同时他也要第一个做出行动。这时，不仅有有利因素，还有不利因素，这自身就是一个非常有趣的问题。我们已经对扑克不对称形式进行过讨论，而且这个问题占有一定地位。只是我们在最初研究这个问题时，希望能够避开这个带有困扰性的问题。换言之，我们避免在此博弈中研究所有的不对称情况。由此一来，我们将会得到扑克博弈的最纯粹、最简单的形式下的重要特征。

为此，我们可以在进行扑克博弈前假设，赛局中的每个局中人都拥有自己的开叫，而且每个局中人在博弈中并不知道其他局中人的选择，当博弈的双方都做出自己的叫价后，其中一个局中人的选择才被另一个局中人得知，即让每个局中人清楚另外一个局中人的选择，这时才知道对手的叫价究竟是"高"还是"低"。

除此之外，我们还能对此种博弈进行简化：我们提供给赛局中的局中人两种选择，一种是选择"看牌"，另一种是选择"不看"。这就意味着，我们在进行此次扑克博弈时，并没有"加叫"这个选择。"加叫"在某种程度上只是局中人巧妙、强烈地表达自己的某种意图的方式，尤其是在一个高开叫价的博弈局中，更明显地表达出了这种意图。我们的研究目的是希望问题能够变得简单，所以会尽可能地避开这些用不同方式表达同种意图的情况。

根据上面的这些前提条件，我们对此做出下面的规定：当两个局中人所做出的选择被对方得知时，假设两个人都选择了"高"的叫价，或者同时选择了"低"的叫价，此时两个局中人手上的牌必须摊开，那么手上拥有较强牌的局中人，将从他的对手那里获得a或者b的数额。假设这两个局中人手上所拥有的牌是相等的，那么双方不需要进行支付。

除此之外，还有另外一种情况，当其中的一个局中人选择了叫"高"价，而另外一个局中人选择了叫"低"价。这时，选择了叫"低"价的人拥有两个选择，即选择"不看"或者选择"看牌"。当另外一个局中人选择了"不看"之后，在不考虑两手牌的强弱的情形下，他将支付给对手低价的数额；若他选择了"看牌"，则表示他的选择发生了改变——由叫"低"价转换成了叫"高"价。而对这种情况的处理方式，则与两个局中人都选择叫"高"价时一样。

我们对于上面提到的简化版的扑克博弈规则加以总结：参与博弈赛局的每个局中人，能够通过一个"机会的着"获得他的一"手"牌；然后，每个局中人可以通过一个"人的着"对a、b进行选择，简单说就是选择叫"高"价还是叫"低"价；最后，赛局中的每个局中人都了解了另外一个局中人的选择，但是他并不知道他手上的牌，即双方都知道自己手中的一手牌以及自己的选择。假设其中的一个局中人在博弈中选择了叫"高"价，而另外一个局中人的选择是叫"低"价，那么后者将会拥有两种选择，即"看牌"或者"不看"。

　　这是一场博弈赛局的过程，当一场赛局结束时，他们的支付方式如何呢？假设两个局中人同时选择了叫"高"价，或者一个局中人选择叫"高"价，而另外一个局中人选择叫"低"价，并且在后来还选择了"看牌"，那么前一个局中人将从后一个局中人那里获得三个数额，即a、0、-a；假设两个局中人都选择了叫"低"价，那么前一个局中人将从后一个局中人那里获得三个数额，即b、0、-b；假设另外一个局中人选择了叫"低"价，并且在后来选择了"不看"，那么，"人的着"属于选择了叫"低"价的人。

"优胜劣汰"：二人博弈中，到底谁为鱼肉？

我们暂时不对n个局中人的博弈T进行直接的研究，我们在现阶段还不具备此种条件，所以先对另外两个博弈进行思考和研究，因为它们与n个局中人的博弈有着紧密的联系，而且对它们的探究是我们能够非常轻易做到的。

关于n个人的博弈T的难点在于：参与博弈赛局中的局中人1在进行选择时，无法预测到此赛局中的局中人2会做出怎样的策略选择，反之亦是如此。由此一来，我们将带有这种困难的n人博弈T与没有这种困难的其他博弈进行简单的比较。

首先，我们用T1表示所要研究的博弈，它与博弈T在细节上的唯一不同之处在于：当局中人2要做出自己的策略选择时，局中人1必须已经做出了自己的策略选择。简单说，当局中人2进行选择时，已经清楚了局中人1的策略选择，这就意味着局中人1的"着"前备于局中人2的"着"。

在此博弈T1中，我们能够非常清晰地看出，局中人1所处的地位远远低于他在博弈T中的地位，这种博弈赛局相对于局中人1来说是十分不利的，因此我们将博弈T1称为博弈T的劣势博弈。

相似的，我们重新定义另一个博弈T2，它与博弈T唯一不同的细节在于：当局中人1做出自己的策略选择之前，局中人2必须做出自己的策略选择，这就意味着局中人1在做出自己的选择时已经知道了局中人2的选择，即局中人2的"着"前备于局中人1的"着"。在这个博弈中，我们能够明显地发现局中人1所处的地位远远比原来在博弈T中的地位有利，因此，我们讲博弈赛局T2是博弈赛局T的优势博弈。

我们借助这两个博弈T1、T2，帮助我们达到了以下目的：从常识方面来看，对于博弈T1、T2而言，我们清楚地了解到了参加博弈最佳的行为方式。另一方面，我们能够发现博弈T显然是处在博弈T1、T2"之间"。比如，我们从局中人1的角度来看，T1相对于T而言总是不利的，但是T1总是要比T有利。严格意义上说，这里的"不利"应该指的是"不利或者与其相等"，而"有利"则是指"有利或者与其相等"。

由此一来，我们可以想象博弈T中所有重要的量，T1、T2能够帮助它们提供上、下界。事实上，我们还可以用更加严格的形式讨论其中的问题。考虑到上界和下界之间的问题，那么我们在很大程度上，对于博弈T的认知和了解都是不确定的。若是初看起来，很多博弈中的情况都是如此。但是我们可以利用这种技巧，找到某些新的方法，以便在最后能够找到一套严谨的关于博弈T的理论，而且它能够对所有的问题给出合理的解释。

我们针对劣势博弈T1进行讨论，当局中人1做出了自己的策略选择后，局中人2知道了局中人1的选择，并做出了自己的选择。由于局中人1先做出了选择时，他对整个博弈的情况有了简单的了解，便能够做出对自己有利的策略选择。

上面所讲到的情况比较特殊，但是我们能够十分清楚地看到它们之间的相互关系，这能够帮助我们在更加复杂的情况中认识它们，而且这种方式能够帮助我们更加准确地做出判断。

再来考虑优势博弈T2，T2与T1是不同的，不同之处在于局中人1和2的地位发生了转变，即局中人2需要率先做出自己的策略选择，在此基础上，局中人1在清楚局中人2的策略选择之后，才做出自己的策略选择。在这种情形下，我们可以在博弈T1中将局中人1和2进行互换，由此一来便得到了博弈T2。

我们应该清楚博弈T1和T2之间存在着一种对称关系，当对T1和T2的局中人进行互换之后，我们就能从一个研究跨越到另一个研究中，仅从博弈自身来看，这种T1和T2之间的互换是不具有对称性的。实际上，正是由于局中人1和2的互换，使得博弈T1和T2发生了互换，因此，不管是局中人还是两个博弈都发生了改变。

在此，我们应该观察到，博弈T相对于两个局中人1和2来说，在这两个博弈中所处的地位都是不同的，而且有着本质的区别。对于博弈T而言，它处于T1和T2的中间地位，可以采用同样的方式对一个博弈的局进行定义。这些只是一些具有启发性的阐述，直到现在我们还未对博弈T做出证明，通过上述的一些简单讨论，我们逐渐将剩下的空白进行填补，针对现阶段而言，我们的讨论还受到一些限制，但是借用一些新的技巧就有机会解决这些困难。

国际象棋——有智还需有谋

我们已经讲到过关于先现性与前备性是等价的，即具备完全情报的零和二人博弈。这种博弈被称为具有有理性质的博弈。同时我们还证明了这种博弈是严格的，当任何博弈包含"机会的着"时，我们的证明依然成立，而这种事实则是无法根据"通常看法"验证的。

国际象棋自身不具有"机会的着"，而双陆则含有"机会的着"，但它们都属于完全情报博弈，对于所有的这类博弈而言，我们已经讨论过它们具有一个固定的、最佳的策略，只是我们用一种抽象的形式证明了它们的存在性。在大多数情况下，需要我们对它们的结构进行研究，但是它们比较复杂、冗长，还无法在实际中得到应用。

因此，我们将更加细致地对国际象棋进行研究和考察。

最后，我们用一种简单又不形式化的方式针对我们的讨论做出总结，即所有具有完全情报的零和二人博弈都是需要严格确定的。说到这里，一定会有读者十分疑惑，究竟哪种讨论不能算是一个系统的论证呢？我们需要系统地将可信的论证进行归纳，并且我们能够对上述所有类型的博弈T的任意赛局，给出合理的答案，但是这种论证过程会遇到一些难题。事实上，我们在对博弈赛局进行讨论时，没有必要解决掉所有的困难。

　　一般情况下，在那些具备完全情报的博弈中，我们将采用不同的思路得到最佳的博弈的解。由此一来，便能够让零和二人博弈与一般情形下的差别表现得更加明了，这足以说明处理一般情况时，不得不采用完全不同的方法。

　　在零和二人博弈的对局中，我们可以假设对手的博弈行为的合理性，倘若对手的行为是不合理的，那就意味着不会给另外的局中人造成不利。事实上，参与零和二人博弈的局中人只有两个，而且利益的和为零。在此种情形下，对手需要为自己的不合理的行为承担损失，同时将会给另一个局中人带去相等的收益，这样的论据在现阶段来看并不十分精准，但是我们能够在某种程度上让它变得更加准确，不过我们并不需要在这里对它进行讨论。

初等博弈中的特殊例子

前面我们已经讨论过零和二人博弈的例子，接下来我们将对其中包含的特殊例子进行讨论。而且，我们将要研究的这些特殊案例，能够更好地帮助我们认识到所研究的理论的各个组成部分。特殊之处在于，它能够帮助我们对理论中的某些形式化的东西进行直观的解释。针对那些"实际的""心理上的"某些现象，得到较为严格的形式化体系，尤其是那些在通常意义上被认为不容易用严谨的方法进行处理的东西。

我们假设在正规的博弈中，两个局中人所能采用的策略的数量分别为b1和b2，而且针对这两个策略数目的大小对博弈的影响做出了简单的统计，在这里我们不讲两个数之一，或者二者都为一的情况。在此种情况下，其中的某个局中人

博弈论

对于博弈的影响并不重要，甚至可以说局中人没有选择的余地。此时，这里所讲到的博弈实际上是一人博弈，而且不是零和的。所以，我们在讨论这类博弈时，最简单的方式就是让b1和b2相等。

BO YI LUN

第三章

零和三人博弈
——"三分天下"还是合作"双赢"

通俗意义上讲，博弈是指那些拥有对手、竞争、对抗、输赢的游戏，像扑克、下棋、足球等都属于博弈性质的活动。在进行这些活动时，我们不仅要了解自身的实力，还要了解对手的能力。早在中国古代的兵法中就表明了这一观点——"知己知彼，百战不殆；不知彼而知己，一胜一负；不知彼，不知己，每战必殆。"

不论何种博弈赛局，都应该先看自己的承受能力和能承担的风险，才能在博弈中更有胜算，获得更多的收益。对于博弈而言，永远不存在获胜的"着数"，但是可以研究并掌握正确的决策。

股神巴菲特曾说："假设你和人打扑克牌，几局打完后，你依然没有发现其中谁比较会玩，那么这只能说明你是那个最不会玩的。"从博弈的角度来看，在进行扑克游戏时，假设你在这一桌人中没有发现水平低的人，极有可能这一桌人都是博弈的高手，这时就应该选择另外的对策了。

你的"策略"决定了"对战"结果

我们已经讲过零和二人博弈的内容，也清楚了所讲述的博弈具有的特征问题。像零和一人博弈中，会出现一个最大值的问题，而零和二人博弈中，则是十分鲜明的最终受益的对立问题，而且这里并不能再用最大值的问题进行解决。简单说，零和一人博弈到零和二人博弈已经无法用最大值进行表示，那么零和二人博弈到零和三人博弈也令收益的对立性退出了解决问题的关键。

显而易见，在一个简单的零和三人博弈的赛局中，对于两个局中人之间的关系需要考虑多个方面。但是在零和二人博弈的过程中，其中的一个局中人获胜，那便意味着另一个局中人失败，反之亦然。所以，在零和二人博弈中，一直存在着利害关系。

但是，在零和三人博弈中，我们假设其中一个局中人的某项特殊行为是对他自身有益的，那就意味着还有两种情况，即对剩下的两个局中人都是不利的，或者对剩下的两个局中人中的一个有利，但是对另外一个局中人不利。那么，在这种情况下，有时便会出现其中的两个局中人的利害关系是一样的，试着想象一下，若想了解其中的利害关系，便需要一个更加精准的理论，来确定其中的利害关系的全部相同或者部分相同的具体情况。在这种博弈（它属于零和博弈）中，参与者利害的对立性是必然存在的，因此，必须用精确的理论来确定其中的种种利害情况。

　　尤其是那些最可能出现的情况：简单来说，不论处在何种情况下，一个局中人，在零和三人博弈中都应该具有选择策略的机会，而且他能够根据情况调整自己的选择，进而帮助他与其他的两个局中人建立相同或者相反的利害关系。或者说，他有足够的余地选择与另外两个人中的任何一个人，建立某种利害关系，包括将这种关系建立到怎样的程度。

　　当零和三人博弈中的一个局中人，确定了自己想要与剩下的两个人之一建立共同的利害关系时，这种博弈便成了为自己选择同盟者的问题。在这种情况下，当两个局中人建立一定的同盟关系时，在这两个具有利害关系的局中人之间，便需要达成某种合作的默契。

或者我们可以换一种简单的说法对上述情况进行叙述，由于在零和三人博弈中，两个人的利害关系是相同的，所以这两个局中人选择建立合作，在这种前提下，可能会使得这两个局中人的行动逐渐相互契合。反之，假设两个局中人的利害关系是相反的，那么局中人则需要为了自身的利益而选择独自行动。

这些问题和现象，在零和二人博弈的过程中是不存在的。在零和二人博弈中，只有当其中的一个局中人输掉时，另一个局中人才有可能获胜，否则将不会有任何的收益。那么，在这种情况下，不论是否建立合作，或者行动是否相互契合都是没有用途的。因此，对于零和三人博弈，我们需要一个新的形式上的论证。

关于上述所讲到的这些，我们还需要考虑在零和二人博弈的理论中，所克服的困难性和复杂性。由于一个较为特殊的"着"是否对其中的一个局中人有利或者不利，不仅依靠这个"着"本身，还取决于其他局中人在赛局中做出了何种决策。但是为了方便我们研究，先把新出现的困难孤立起来，在最简单的形式下对其进行研究。

在三人博弈中，尽管博弈本身包含"合伙"，但是参与博弈赛局的局中人的数目是一定的，因此所有形成的"合伙"的可能性便是确定的，即"合伙"的前期条件是由任意两个局中人构成的，并且联手"对付"剩下的另外一个局中人。

假设此时有四个或者更多的局中人，那么博弈的实际情况将会变得更加复杂，便会形成很多个"合伙"，而这些"合伙"又能够互相合并或者站在对方的立场上，等等。

仅从博弈的方法上来看，上面的问题和我们在零和二人博弈中所提到的"配铜钱"的游戏所要考虑的条件是相同的。实际上，在零和二人博弈中，起到关键性选择的是，哪个局中人能够"猜透"与自己相对的局中人的选择。简单来说，在"配铜钱"的博弈赛局中，其中的任意一个局中人若是能够"猜透"对方的选择，便掌控了整个赛局，除此之外的任何因素都不会对其造成影响。

当然，若是在一般的零和二人博弈中，赛局中的两个参与者有可能建立合作，以此令双方都获得较高的收益。仅从这一方面来看，零和二人博弈与零和三人博弈有着极大的相似性。

出此看来，我们已经十分清楚零和三人博弈与零和二人博弈本质上的区别，即博弈的局中人是选择与其他的局中人达成合作还是打算单独行动。也就是说，我们需要先分析出"合伙"结成的可能性。这一问题的关键在于局中人里谁与谁会形成合伙，并在合伙后对抗哪一个局中人。那么除了这些问题是否还有其他的特点呢？目前来看，这是我们所要讨论和研究的一个新的因素，因此我们在未发现其他的因素之前，先对这一点进行细致的研究和探讨。

下面，我们需要举出一个零和三人博弈的例子，将合伙的因素固定在一个核心位置，忽略其他因素来分析。

具体的情况表现为：一个局中人与其他局中人最多形成两种可能的"合伙"，因为只存在三个局中人。我们需要通过对零和三人博弈的研究来明确选择"合伙"这一过程是如何进行的，以及说明其中的某个局中人是否具备选择的权利。下面将对这一例子进行具体的阐述。

某个局中人通过"人的着"来对另两个局中人做出选择，并且每一个局中人在做选择的同时并不了解其他两个人的策略。

按照如上方式继续支付：如果其中的两个局中人都相互选择了对方，那么我们将这种情况的形成称为一个"偶合"，显而易见的是，要么恰好出现一个"偶合"（对两个局中人皆有利），要么一个"偶合"也没有。但绝不可能同时出现两个"偶合"，这是因为假如存在两个"偶合"，那么其中必有一个局中人在两个"偶合"中出现两次。如果是恰好出现一个"偶合"，那么记为"偶合"中的局中人各自均拥有一个单位，而剩余的那个局中人则记为失去一个单位。相应的，若一个"偶合"都不存在，就表示三个局中人之间也不存在任何支付。

现在我们来详细分析一下博弈的进行过程。

首先，我们可以明确的是，在博弈过程中，一个局中人除了需要选择另一个他想要与之结成"偶合"的局中人之外，就没有其他需要做的事情了。因为每一个局中人在选择时并不知道另外两个人的选择，因此在博弈的进行过程中是不可能达成相互合作的，若有合作的意愿，则只能在开局之前，也就是博弈之外完成。局中人在进行他的选择时，需要确定与之合伙的人也会遵守约定，但我们无法得知如何才能确保两者之间的约定一定会得以执行。若在博弈中不允许进行这种约定，那么难以想象的是，在这样一个三个局中人的简单多数博弈中，对局中人的行为起到支配和决定性作用的因素究竟是什么？

因此我们可以说，如果在没有引入"约定"或者"默契"等类似的辅助性概念的话，我们将很难建立起一种局中人行为是否合理的理论。

上文所说的"约定"的概念，与通常所说的"桥牌"等娱乐游戏的玩法有些类似，但也有着显而易见的区别。桥牌游戏所涉及的只是把一个局中人分割为两个个体的"人"，而我们在博弈中所探讨的却是存在于两个局中人之间所结成的关系。一旦我们在属于三个局中人的简单多数博弈中允许"约定"情况的发生，那么处在这个博弈中的局中人将会获得胜利的机会。对于局中的三个人来说，博弈的过程无疑是绝对对称的。博弈的规则决定了这种对称性。但是，至于局中人在这个规则下如何选择的问题不在我们的讨论范围之内。事实上，只要出现"合伙"行为，那么情形必然出现不对称。（因为三个人中只可能出现一个"合伙"。）

由此可见，"合伙"可能性的出现是博弈中最有意义的策略。

"配铜钱"升级

我们已经得到了"配铜钱"以及"石头、剪刀、布"的博弈结果，我们通过这些简单的游戏将它扩展到零和二人博弈方面。

我们利用博弈中比较正规化的形式对其进行简单的论证，假设参与博弈的两个局中人可能做出的策略选择分别为t1和t2，对于博弈赛局中局中人1的结果如何我们不进行严格的设定。但是，在这种情况下需要我们想象，参与赛局的局中人所采用的博弈理论不需要对准确的策略做出选择，而是对赛局中有概率出现的、可能的策略做出选择，由此一来，局中人1所做出的选择将不是一个简单的数字，而是不同策略可能出现的概率，同理，局中人2亦是如此。

在此种情况下，其中的局中人不对自身的策略做出选择，而是利用一切可能的策略，即采用那些他可能需要的策略的概率，这个较为一般化的方式极大程度上解决了那些非严格确定情况下的难题。我们已经比较清晰地看到，这种情况的主要特征是如果其中的一个局中人的意图被对手猜中了，那就意味着他会遭受一定数量的损失。

假设在博弈赛局中，对手能够很有经验地统计出对局中的第一个局中人的"特点"，便有可能对局中人的策略和行为做出合理的预测，因此他有机会掌握不同策略的概率。在这里我们完全不需要去讨论，在博弈赛局中究竟会出现何种情况，或者以何种方式发生，因为各种情况的发生具有随机性和一定的概率，所以我们难以预测到事情发生的概率，换句话说，在任何一个情形中，将会出现何种结果是无法预判的。

由此一来，我们能够清晰地看出，在此类型的博弈中，赛局中的任意一个局中人需要尽量保证自己的决策不被对手猜到，为了保证自己的意图不被对手发现，要在策略的选择上尽量保证随机选择不同的策略，因为能够确定的只有若干策略的概率，而且这是一种十分有效的博弈方式。

其实利用这种方式，在博弈赛局中，对手就很难直接猜出同一对局中的策略选择究竟是怎样的，原因是局中人自身也不清楚自己会做出怎样的选择，实际上自己不清楚所要做出的决策选择也是一种对自身安全的保障，因为它在某种程度上避免了消息的泄露。

这样的阐述，似乎让读者觉得是我们让局中人的自由受到了限制，其实这些情况总是会发生。比如，博弈中的局中人只愿意选择一种确定的决策，进而放弃了其他可能的决策；抑或者他可能会按照几种可能发生的概率做出决策，然后放弃了其他可能的决策。

在这种情况中，我们不难发现局中人的这种选择，在一定程度上增加了被对手看穿意图的危险。但是，其中的情况可能是这样的：局中人所选择的一个或者多个策略对他而言是有利的，这种内在有利的因素能够促使他做出这样的选择。

上述的这些可能性全部包括在我们的方案中，假设博弈中的局中人不愿意选择某种策略，他只需要将某种策略可能被选择的概率设定成零即可。假设博弈中的局中人只愿意选择某个策略，而不愿使用其他的策略，只需要将他想要使用的策略的概率设为一，采用其余的策略的概率设为零。

理论相悖？——单独博弈中的可能性

我们将博弈探讨到这里时，一定会有一部分读者感到"不安"，因为我们所研究的两种同等重要的观点之间存在着矛盾：一方面，我们所提到的理论是一个静的理论，而且我们所有的分析都是建立在一个博弈赛局的进行过程中，并非一系列的串局；另一方面，我们在探讨博弈的过程中，将局中人在进行策略选择中可能被对手发现的危险性，放在了我们对博弈研究的中心位置。

假设在博弈中，局中人的策略没有经过细致连续的观察，尤其是他在博弈的对局时采用不同类型的策略，又怎能被发现呢？我们已经强调过，不能够对多个博弈赛局进行连续的观察与分析，由此一来，我们对博弈的研究便有必要在同一赛局中进行。

博弈论

考虑到博弈的规则，即博弈的赛局是漫长、反复的，因此只有处在赛局进行过程中，我们才能更好地观察到不断变化的结果。事实上，在博弈刚开始的时候，我们几乎观察不到任何有价值的信息，这时对于博弈的研究便涉及动的方面，但是我们最初的目的是建立一套静的理论。其实，在很多情况下，博弈的规则并不会给予我们细致观察的机会。在前面所讲到的"配铜钱"和"石头、剪刀、布"的博弈中，情况便是如此。而且在那里，我们在粗略的选择上并未使用概率。

那么，我们究竟应该如何解决这些的矛盾和冲突呢？

事实上，我们对博弈的研究的观点属于静的观点，因此我们针对一个单独的博弈赛局进行研究，在现阶段研究中，我们尝试寻找一套关于零和二人博弈的完整的理论。由此看来，我们并不是在已经存在的理论上用演绎推理的方式进行分析，而是跨越已经存在的坚固基础，寻找一个理论。

在进行这种研究时，我们完全可以采用间接的论证方法，帮助我们建立完美的理论。我们可以假设，已经拥有一个完美的理论，这间接说明我们在目前并没有这样的理论，倘若确实有这样的理论，但是我们不能对其进行想象。但是，我们可以尝试从这个设想的理论中找到一些推论，进而得出某些结论，以此间接说明假想的理论存在某些细节上的问题。

若我们用这一种形式，极有可能会给我们假想中的理论造成一些局限：一方面，我们是用一种方法发现并且确定了理论；另一方面，研究到最后丝毫没有任何一种可能性。后者告诉我们，想要找到一个没有矛盾，同时还属于假设中的类型的理论是不存在的。

我们试着假想一下，在零和二人博弈中，已经存在一套相对完全的理论，它明确地指出博弈中的局中人应该做什么，同时这套理论是完全可信的。若是两个参与赛局的局中人清楚地了解这套理论，这就表示其中的一个局中人必须提前设想自己的策略选择早就被对手发现了。由于对手清楚地知道这套理论，也知道假设局中人不遵守这套理论，是一种非常不聪明的做法。

为何说若是局中人不遵守这套理论就是一种不聪明的做法呢？在现阶段来看，我们已经假定了这套理论的存在，而且理论是完全可信的。通过我们最后的分析和研究来看，找到这样一套理论并非不可能，我们会探究出一套完美的理论，在这个理论中包含着以下事实：博弈赛局的局中人的策略能够被对手发现，但是这套理论会给予他不同的暗示，帮助他对自己的行为做出调整，目的在于不让他有所损失。

由此可见，当我们假设有这样一个完美理论存在时，就能帮助我们更加直观地去探究博弈的局中人的策略被对手发现的情况，而且只有当我们将两个博弈赛局T1和T2联系起来，即局中人1的策略被发现，或者局中人2的策略被发现时，才能够展现出一个完美的理论。

这里所提出的完美理论，其实是仅在我们目前条件下的理论，我们并不能十分确定这个理论一定会被发现，若是被探究出来了，按照我们现在所拥有的条件并不能满足，此时我们需要为了此理论寻找其他的基础。早在前面的讨论中，即策略都是纯策略里，便确定了我们能够将这种理论调和到怎样的程度。

我们不难发现，在不使用概率的基础上，就可以建立一个比较完美的理论，而且还是严格建立起来的。当我们发现理论后，会采用直接论证的方式对其进行证明。由于我们在前面所提到的方法都是间接论证法，即给出必要的条件就能得出结果。在这种情况下，有可能会得出不合理的结果（或者称为归谬论证），甚至还会出现将所有的可能性局限到只剩一种的局面，假设出现了后者，依然有必要证明剩下的那种可能性是完美的。

是否建立合作？——"默契"攻击 "第三者"

简单说，若要研究零和三人博弈，需要我们把研究的重心放在其中一个局中人在博弈赛局中所有可能出现的情况上，一方面他有可能与其他的局中人建立合作关系，另一方面他有可能与其他的局中人对立。换言之，我们需要将研究的注意力放在其中一个局中人可能做出的所有策略上。我们对其进行合伙的可能性简单进行分析和研究，即其中的一个局中人会选择另外两人中的哪一个人建立合作，或者联手"攻击"其中的哪个局中人。

为此，需要建立一个零和三人博弈的模型，其中最主要的影响因素是找到其中合伙的可能，即合伙是博弈赛局中，所有局中人之间会建立何种关系的可猜想的目标。

对此，我们可以假设，在零和三人博弈的赛局中，可供
其中一个局中人选择的合伙情况只有两种，因为在此博弈赛
局中，除了他自身外，只剩下两个局中人。这就意味着，他
只能与剩下的两个局中人之一建立合伙关系，以此来对付剩
下的另外一个局中人。

　　针对这种情况，需要用零和三人博弈进行细致、清晰的
阐述。由于其中包含了多种较为复杂的情况，诸如参与博弈
的三个局中人，其中之一进行选择时是否有必要做出此种策
略的余地，或者说其中的某个局中人建立同盟关系的可能性
只有一种，那么在何种情况下可以将它看成一次合伙呢？这
是我们不能直接做出解释的地方。

　　根据博弈的规则，在博弈赛局中，一个局中人只能按照
一种策略选择进行行动，它的本质告诉我们：与其说局中人
建立合伙关系，不如说这是其中某个局中人的单方面的策略
选择。虽然在现阶段的研究中，这些概念都是比较模糊、不
明确的，但是它们都将起到决定性作用。

　　关于零和三人博弈中，其中的一个局中人会做出的几种
策略选择，它们与剩下的局中人之间有着怎样的关系，这些
问题在目前来看研究起来比较困难。简言之，就是在这种情
况下，我们并不能确定博弈赛局中的一个局中人有怎样的选

择，同样我们也不能确定剩下的局中人有何种选择。

根据上面的简述，我们可以用简单的例子对其进行描述，即我们建立一个相对简单的零和三人博弈赛局，假设其中有关联的事件就是三个局中人之间的默契程度，简单说就是他们合伙的可能性。

我们可以对这个三人博弈的赛局进行简单描述，即：参与赛局的局中人，利用一个"人的着"自主选择剩下的两个局中人中的一个人的号码，而且所有的局中人在进行自己的选择时，并不会知道剩下的两个人的策略选择。

接下来我们设定三个局中人的支付方式：假设三人博弈的赛局中，有两个局中人互相选择了对方的号码，那么我们将这种情况称为"偶合"。显而易见，在局中人进行选择时，要么出现一次"偶合"的情况，要么一次"偶合"的情况也不出现。当进行博弈的过程中，恰好出现一个"偶合"时，即互相选择了对方的号码，那么这两个局中人可以各得一个单位的收益，剩下的那一个局中人将减去一个单位的收益；假设在进行博弈的过程中没有出现"偶合"的情况，那么所有的局中人都不用进行支付。

我们可以将这个三人博弈和社会现象建立联系，即这种简单的零和三人博弈可以称为三个局中人进行的简单多数博弈。

我们对这个简单的三人博弈进行分析，在这个零和三人
博弈的赛局中，其中的一个局中人需要为自己选择一个合适
的合伙人，并且要求这个合伙人能够和他达到"偶合"的结
果，除此之外，便不需要考虑其他的因素。由此看来，这个
博弈十分简单，它并不需要考虑其他策略的可能性，这也暗
示了它不包括其他别的可能性。

因为在进行零和三人博弈的过程中，参与赛局的每个局
中人在进行"人的着"时，都不知道其余的局中人的选择，
所以在同一赛局中任何局中人都不可能建立互相合作的关
系。若是两个局中人有相互合作的意图，那么他们需要在赛
局开始前便对策略选择进行商量，即他们的合作是在博弈之
外建立的。当选择了"人的着"的局中人进行行动时，即选
择他的合伙人的号码时，必须有足够的信心和把握——自己
的合伙人也会选择自己的号码。

通过上面的阐述，我们追溯到迫切关心的博弈规则上，
即究竟是何种东西能够支撑零和三人博弈顺利进行呢？或许
有这样一种博弈，它自身就被规定约束，并且需要按照某种
方式执行，只是我们不能站在这种可能性的角度上进行考
虑。因为任何一个博弈都未必会用一种方法进行规定，而且
上面所提到的博弈都是比较简单的，那么它们的规则也是相

对简单的。由此一来,针对简单的零和三人博弈来说,需要考虑的是除去博弈之外的其他的约束和规定。假设我们在一个简单的博弈中不建立这种约束和规定,那么很难想象参与赛局中的局中人将会做出何种行为。

我们可以换种简单的方式针对上述问题进行解释,即在简单的零和三人(或者说一个提前给定的)博弈的过程中,我们想要建立比较系统的、能够约束参与博弈赛局的局中人行为的主要理论。通过这些简单的博弈,我们能够清晰地看出,在给定的博弈赛局中,如果不加入"约定""默契"等辅助博弈研究顺利进行的概念,那么我们将很难建立一套系统的理论。为此,在进行零和三人博弈的研究时,我们将考虑在博弈赛局之外所形成的合伙的可能性,而且在这种博弈中,已经设定了合伙人会尊重其他人的选择和行动。

何为"约定"?其实它与桥牌等游戏中的常用玩法十分相似,但是它们也有着较大的差别。桥牌游戏中只有一个"组织",所谓"组织"就是让一个人分身变成两个"人",但是在零和三人博弈中,我们所要考虑的问题是其中的两个局中人之间的关系。

"合伙人"：共同利益驱使下的抉择

简单说一下桥牌的游戏规则：桥牌由四个人组成，我们将其分别记为甲、乙、丙、丁，但是桥牌属于两人博弈的类型。实际上，甲和丙会进行"结盟"，只是这种结盟是被迫进行的，同样乙和丁也会建立结盟。若是甲和丙没有建立合作，却和剩下的乙和丁结盟，这时按照这种游戏规则，甲的行为便构成了欺骗，这种欺骗直白来说就像甲偷看了乙的牌是一样的，或者我们可以将这种行为理解成，在打牌的过程中，甲在可以跟牌的情况下选择了不跟牌。站在另外一个角度上讲，这便是对桥牌游戏规则的一种破坏。

或者说，在三个人或者更多人玩扑克的时候，其中的两个人或者更多的人会考虑到自身的利益关系，然后联手"攻击"另外一个人，这种做法在桥牌中是被认同的。简单说，当甲和丙建立合作时，乙和丁必须建立合作，同时甲和乙是不允许建立合作的。针对这种情况而言，最简单的描述就是将建立同盟的甲和丙看成博弈赛局中的局中人1，将建立的乙和丁看成博弈赛局中的另一个局中人2。

由此一来，桥牌游戏就变成了简单的二人博弈，但是与二人博弈的不同之处是，在进行桥牌游戏的过程中，赛局中的两个局中人1和2不能单独进行博弈，局中人1需要甲和丙代表他参与博弈，而局中人2则需要乙和丁代表他进行博弈。

根据上面所提到的游戏规则，假设我们的理论是针对同一博弈的一系列的局所进行的统计和研究，而不仅仅是针对一个孤立单一的博弈赛局进行的，所以我们在这种情形下便能够联想到另外的解释，我们应该将赛局中所有的约定和合作，当成一系列的局中重复出现的，进而帮助他们建立自己的地位。

在一般的零和博弈中，当局中人的数量达到三个及以上时，"合伙"才会首次出现在博弈赛局中，由于在两个局中人的博弈中，不具备形成"合伙"的条件，因为"合伙"需要两个局中人，这样一来便没有第三个局中人可以"对付"了。

按照博弈赛局的局中人自身想要保持的概率期待，还有他们所信赖的合伙人想要保持的概率期待，完全可以用一种强制执行的方式进行，这些都是可能的。但是，我们为了能够清晰、明了地看出其中的规律，并且直观地验证我们的理论，所以用一个单独的局，更具有实际意义。

当我们能够清楚地了解到在那些简单的博弈中，能够建立并承认局中人之间的约定后，就能帮助我们更好地认识到博弈中的一些理论。这样看来这种博弈能够给局中人提供更大的胜利机会，但是从本质上讲，博弈不会为任何人提供任何规则之外的行为让其获胜。对于博弈的规则，这一点应该是令所有人信服的。

在零和三人博弈的赛局中，对于赛局中的三个局中人而言，博弈是完全对称的。站在博弈的规则上来看，这一特征是毫无疑问的。假设博弈的规则能够为赛局中的每个局中人提供任何一种可能性，那么也能为赛局中另外的局中人提供同样的可能性。此时，我们并不考虑赛局中的局中人将会选择怎样的策略，因为这会涉及其他的问题，而且所有局中人的行为可能并不是对称的。

事实上，博弈赛局中的局中人会由于默契而必然发生"合伙"行为，那么便会导致局中人的行为变成不对称的。在零和三人博弈的赛局中，其中的两个局中人可能会形成一个"合伙",那么这就意味着三个局中人中必有一个局中人会被孤立在"合伙"之外。但是,我们必须再次强调博弈的规则是绝对公平的,也可以理解为它是对称的,但是这就会出现另一种现象,即博弈赛局中的局中人所做出的行为是不公平的。

在零和二人博弈的赛局中,并不会出现上面的这种不对称的情况。简单说,在零和二人博弈的过程中,假设博弈的规则是对称的,那么两个局中人在博弈中将会获得同样的数值,即博弈的结果是0,而且参与博弈的两个局中人都有较为良好的选择策略。这就意味着,我们无法认定他们的行为是不同的,同样也无法认定他们进行到最后的博弈结果有何不同。

但是当博弈赛局中出现了三个局中人时,便会出现"合伙"这种现象,甚至因为局中人的"合伙"出现"勒索"现象。在我们进行零和三人博弈的过程中,即有三个局中人的情况下,之所以会出现"勒索"现象,主要是因为博弈赛局中的两个局中人建立了"合伙"关系,而这种联盟中的人数小于全部赛局的局中人数,并大于全部局中人总数的一半。而且,这种现象并不会随着赛局中局中人数目的增加而发生改变。

当然，在现在社会习以为常的形式下，这种现象是比较常见又重要的博弈特征。这种情形还经常出现在攻击这些社会组织中的某个论点时，而且绝大部分的批评是针对"自由放任"的假象秩序。这种论点大概是这样的：即使博弈规则是具有对称性的，即绝对的、正式的，也无法高效地保证所有的参与者在应用这些博弈规则时是公正的、对称的。实际上，这里提到的"无法高效保证"所涉及的问题还是较少，因为参与博弈的成员总是会用某种不对称的方式实现"合伙"。

若是能够建立关于博弈赛局中局中人"合伙"的某种理论，便能了解上面所提到的传统意义上对这种规则的批评。这里必须强调这种比较典型、常见的"社会"现象其实更多的是出现在三个及以上的博弈中。

由此看来，在零和三人博弈的赛局中，这种博弈中比较有策略意义的地方就是其中的两个局中人建立的"合伙"的可能性。但是，需要注意的是，这里所提到的"合伙"并非双方约定好互相选择对方的号码，从而形成博弈规则上的"偶合"。

出于博弈规则是完全对称的，所以必须在相同的基础上考虑到博弈中的局中人之间可能出现的三种"合伙"的可能性，按照博弈的规则来看，假设三个局中人之间只形成了一个"合伙"，那么这两个建立联盟的"合伙"（即局中人，1、2之间，1、3之间，或者2、3之间）的局中人，将从第三个局中人那里获得一个单位的收益，即两个"合伙"的局中人每人获得半个单位的收益。

至于最终会在博弈中形成这三种"合伙"的可能性中的哪一种，并不是我们的理论所要探究的问题。此时，我们只能说，若是在零和三人博弈的赛局中，没有形成"合伙"这种现象是让人觉得不可思议的。关于他们之间究竟会出现何种"合伙"情况，还需要寻找甚至建立一些我们在现阶段并未分析的因素。

对称的对立面——不对称分配

通过前面的几节描述，我们已经将简单博弈的例子讨论穷尽了。接下来我们需要讨论的是，能够证明博弈最纯粹、最孤立的形式的一些性质和特征的情况。在前面的证明中，我们已经使用了很多极端、特殊的假设完成了验证，因此，我们将对一般情况进行研究。

在对一般情形的博弈进行讨论之前，我们需要将之前建立的限制条件去除，即在那些相对简单的大多数博弈中，任何一种形式的合伙都能够从对手那里获得一个单位的收益；而且博弈的规则规定，所获得这一个单位的收益必须平均分配给合伙人。现在，我们考虑这种情况的博弈：凡是建立合伙关系的局中人可以获得同等数额的收益，但是博弈的规则中包含了另外一种分配方法。

　　为了方便我们对其进行计算，假设只在局中人1和2的合伙中采用不同的分配规则：我们设定局中人1所获得收益超过平均数e个单位，那么根据这种情况，所得到的博弈规则如下。

　　此种博弈中的"着"与前面所讲到的简单博弈是相同的，而且"偶合"的定义也是相同的，那么局中人1最后获得的收益为1/2+e，同样局中人2所获得收益为1/2-e，而局中人3在这个博弈赛局中则要付出一个单位的数额。假设在博弈过程中形成了其他的"偶合"情况，那么属于"偶合"的每个局中人将会获得半个单位，然而在"偶合"之外的第三个局中人将会支付一个单位。

　　在上述的博弈赛局中，究竟会出现何种情况呢？

　　首先，在此博弈中可能会出现三种不同的合伙情形，即三个可能出现的"偶合"。仅从表面来看，在这个博弈赛局中，局中人1似乎能够获得较大的收益，因为当他选择与局中人2形成"偶合"时，他将比原来简单多数博弈中的收益多出e。

　　只是这种有利的倾向并非真实的，而是我们虚幻出来的。我们假设局中人1一定会选择与局中人2形成"偶合"，那么他能多获得的收益为e，在这种选择下，便会出现以下这些后果：局中人1与3将不会在博弈中形成"偶合"，因为局中人坚持认为自己与局中人2形成"偶合"会获得较高的收益；局中人1和2之间也不会形成"偶合"，因为在局中人看来，他与局中人3形成"偶合"能让自己获得更高的收益；但是，局中人2和3若想形成"偶合"将不会受到任何阻碍，因为它能够通过局中人2和3实现，而且局中人2和3在这种情况下，都不会考虑局中人和其他的特殊需求。

由此可见，除了局中人2和3形成的"偶合"之外，别的"偶合"情况难以实现，此时局中人1不仅得不到1/2+e的收益，更得不到半个单位的收益，这就意味着局中人1会在此次博弈中被排除在"偶合"关系之外，最后他将在此种博弈赛局中付出一个单位的数额。

因此，假设局中人1想要在他和局中人2所形成的"偶合"中保持他的特殊地位，那么他必须承担自己在此次博弈赛局中的收益损失。我们提供给局中人1的最佳选择是采用一定的措施，让局中人1和2所形成的"偶合"与局中人2和3所形成的"偶合"具有同等吸引力。这就意味着，局中人1若想和局中人2形成"偶合"，便需要他用巧妙的方式将额外的收益e给局中人2。

同时，必须注意的是局中人1要毫无保留地将额外收益e

还给局中人2。简言之，若是在这种情况下，局中人1想要在额外的收益e中留出一部分给自己，我们记作e1，即原来的额外收益e被e1所取代了。这时，我们又可以重新回到上述的论点中。其实，局中人2和3之间的"偶合"必然会形成的可能性相对较小，但是这依然意味着局中人1会遭受收益损失，这种损失程度和前面所讲的完全相同。

阐述到这里，人们可以尝试对原来涉及的简单博弈进行一些其他方面的简单更改，但是需要保证每个合伙人的总数额为一个单位。比方说，我们可以考虑以下规则：假设局中人1不论是在1和2形成的"偶合"中，还是在1和3形成的"偶合"中，最终的收益总值都是1/2+e，然而局中人2在2和3形成的"偶合"中，最后获得的收益是均分的。在此种情况中，假设局中人1坚持要保留他的额外收益e或者e的一部分收益，那么最终的结果是局中人2和3都不愿与其形成"偶合"。由于局中人在赛局中一直保持这种意图，最终的结果无非是局中人2和3建立联盟"对付"他，最后他不得不付出一个单位的收益。

还有另外一种可能的情况，在博弈对局中，其中的任何两个局中人与第三个局中人形成"偶合"后，都能够获得额外的收益。比如，在局中人1和3以及2和3形成的"偶合"

中，局中人1和2能够获得的收益同为1/2+e，而局中人3只能得到1/2-e的收益。但是在局中人1和2形成的"偶合"中，双方都能够获得半个单位的收益。在此种情况中，局中人1和2双方都不愿意与对方建立合作，而局中人3则成为局中人1和2争抢的合伙人。

不难想象，为了争取与局中人3建立合伙关系，局中人1和2之间必然会产生竞争，这种为了合伙人的竞争，最后的结果无外乎将额外的收益e还给了局中人3，只有这种方式才能将形成"偶合"的局中人1和2重新拉回竞争的场地，最后恢复到平衡状态。

接下来我们留给读者一些问题，即博弈的其他变形，假设博弈中的三个局中人在所有能够组成的"偶合"中，最终能够获得的报酬都不相同。但是我们对此不再继续进行上面的分析，尽管我们能够继续分析下去，还能帮助我们解决一些表面上具有说服性的反对意见，但是针对现在的问题而言，我们已经得到了其中的一般观点，将这些观点总结如下。

在博弈赛局中，一个局中人能够从对局中获得收益，一方面取决于博弈规则对合伙的规定，另一方面依赖于这个局中人与他的合伙人所建立的合伙的可能性。因为博弈的规则是绝对的、不能被破坏的，这就间接说明了，在某些情况下，所有参与博弈的局中人之间一定会发生"补偿"支付。简言之，其中的一个局中人一定会支付给自己的预期合伙人一个准确的数额，关于"补偿"数额的大小则取决于其他局中人在博弈过程中可能采取的措施。

通过上述的例子，我们已经对博弈中的一些原则有了初步了解，在此基础上我们能够更加精确地研究博弈的内容，用更加直观的方式处理它们。

"追根溯源"：本质与非本质博弈

通过前面对各种博弈情况的了解，我们现在可以将其中所有的限制条件全部"抛弃"了。

我们假设T是一个零和三人博弈，我们仅通过简单的探究便能对此种博弈进行分析。

假设，博弈中有两个局中人分别为1和2，两人决定一定会彻底合作，暂时抛开局中人的分配和"补偿"的问题（后面再解决），那么此时这个博弈T就变成了零和二人博弈。在这个新形成的博弈中，便会出现一个由两个"自然人"组成的复合局中人，然而局中人变成了合伙1和2，以及局中人3。根据这种情况来看，这个博弈T属于零和二人博弈的理论范畴，在这个博弈赛局的每一局中都会有一个特定的值，假设我们用c表示博弈中的一局里合伙1和2的值。

相同地，我们还可以设定局中人1和3一定会形成合伙，然后将博弈T看成局中人2与这个合伙之间建立的零和二人博弈。此时，我们用b表示博弈中的一局里合伙1和3的值。

最后，我们也可以假设局中人2和3之间一定会彻底形成合伙，同样，我们将这个博弈T看成这个合伙与局中人1之前建立的零和二人博弈。此时，我们用a表示博弈中的一局里合伙2和3的值。

此时，需要注意的是我们并没有假定上述的合伙情况一定会出现，对于其中设定的值a、b、c仅是通过计算而定义的。我们已经非常清楚，在零和三人博弈T中，局中人1和2或者1和3或者2和3之间建立的合伙，能够从合伙以外的局中人3或2或1那里分别得到c、b、a的收益，但是无法获得更多，由此一来便验证了前面所讲的全部结果。而且对于每一局中人之间是否会建立合伙情况的结论也能成立。

简单说，对于零和三人博弈中，每一个局中人倘若单独参加博弈对付所有剩下的局中人，那么他将获得与建立合伙的局中人相同的数额。在此种情况下，而且只有在这种情况下，才有可能为每一局赛局中的每一个局中人设定一个特殊的值，同时这些值相加为零。这种情形下的博弈我们可以不考虑局中人之间建立合伙的可能性，那么这就是非本质的博弈。反之，若是存在合伙动机的博弈，即合伙在博弈中是必不可少的，那么它就是本质博弈。

　　上述就是非本质博弈与本质博弈的区别，在目前看来，这只适合于零和三人博弈，但是通过后面更加深入的研究后，我们将会清晰地看到这种情形的分类适用于一切博弈，同时这也是一种极端的、重要的分类方法。

不同的声音：完全情报的"反对意见"

我们通过上一节的研究已经找到了零和三人博弈的结果，从中看到了所有可能发生的情况，这也为我们探究n人博弈奠定了一个基础的参照准则：通过对博弈赛局中的所有可能出现的"合伙"情况，以及他们之间存在的相互竞争的关系，然后通过这种竞争关系，对所有可能形成"合伙"的局中人之间所有的支付"补偿"给出了合理的结局方案。

现在我们应该考虑局中人的数量等于或者多于四个人的情况，只是研究这个问题面临的困难和复杂程度远远超过了三个人的博弈。在我们对这个问题进行讨论之前，需要对我们所要研究的情况重新考虑，我们在接下来进行的分析中，主要针对赛局中可能形成的"合伙"，以及参与合伙的局中人之间的收益"补偿"。在这里，可以将零和二人博弈的理论应用其中，进而确定局中人所形成的最终"合伙"的值，而且其中形成的可能的"合伙"情况是互相对立的。但是，我们需要考虑这些情况是否像我们提到的例子一样普遍。

关于这个问题的疑惑，我们在零和三人的博弈中探讨过了，而且采用了正面论证的形式。在此基础上，我们能够建立起有关n人博弈的所有理论，这将成为n人博弈的最有决定意义的正面的论证。但是，关于这个理论有一个反对的观点，即我们需要对这个反面的论点进行考虑，同时这个反面论点和那些具备完全情报的博弈紧密相关。

我们接下来需要讨论的是上述提到的特殊情况的反对意见，由此一来，当我们的讨论有了一定的成果之后，并不代表着它会为我们提供一个能够解决所有博弈的新理论。由于我们在提出问题之前就称它普遍且有效，那么我们需要回答所有反对的声音，哪怕是针对一些特殊情况的反对意见。简单来说，当我们建立了一套自认为普遍有效的理论时，必须能够拥有承担所有的反对意见的能力。

关于那些具备完全情报的博弈我们已经了解到了它们的特点，而且是处在广阔情形下，并不完全是在我们进行正规化的形式下进行的讨论，参照这些特殊的情况，才能更加全面地了解不同形式下的博弈所具有的形式。

最初我们针对n人博弈进行讨论时，所研究的是针对任意的n，但是在进行到后面的研究中，我们只能将它归结到零和二人的博弈中。尤其是我们在论证的最后阶段，给予了文字解释，在这种论证的方法中，我们需要特别注意的是：

首先，我们无法完全避开反对的观点，但是对于这种论证方式而言是值得考虑的。

其次，所使用的论证方法，并不适用于我们对于一般情况下的零和二人博弈的研究。尽管它们只适用于这些特殊的情况，但是相较于其他观点来说十分简单。

最后，相对于具有完全情报的零和二人博弈而言，它会让我们与一般的理论产生相同的结果。

或许人们会联想到，将上述的情形应用到局中人的数目大于或者等于3的情况中，其实我们仅仅对它的表面情形进行研究，很难立刻发现什么。人们一定会十分困惑，为何它只适用于博弈的局中人等于2的情况。只是在这样的程序中，我们并没有看到它未提到博弈的局中人之间所形成的合伙或者默契等问题。由此一来，假设它只适用于局中人等于3的情况，那么我们现在所进行的研究方法便十分值得怀疑。

人们或许会期望：任何具有完全情报的零和三人博弈，都满足最终的收益为零这种情况，那么就能避开我们现在对程序所进行的讨论了，这就意味着合伙成为博弈赛局的局中人的必要选择。就像那些具备完全情报的博弈，正是出于其规则的严格性，才避免了零和二人博弈中所遇到的难题，根据现阶段的情况来看，它们似乎出于自身的非本质性，才能够避免零和三人博弈中的理论难题。

其实，事实并非如此，若要证明这一点，可以将普遍、简单博弈的规则进行修改：假设参与博弈的局中人1、2、3，按照既定的次序进行"人的着"，同时，这些局中人都了解所有先现的着，此时对于局中人1和2、1和3、2和3的值与前面所讲到的一样（关于这个博弈的细致讨论，在此我们不做出讨论）。我们当下所要研究的是，前面所讲到的程序对于局中人的数目为3或者更多时，为何不再适用这些情形。

我们假设一个具备完全情报的博弈为T，将这个博弈的"着"记为m1，m2，…，m（v），这些"着"所对应的选择记为θ1，θ2，…θ，（v），这些因素决定了博弈赛局。假设局中人对于"着"的选择结果分别为θ1，θ2，…，θ（v-1），此时我们考虑局中人的最后一个"着"m（v）以及它所对应的选择θ（v）。

144

寻找"可解"的n人博弈

通过前面章节的解释，我们已经看到博弈赛局中的参与者的数目n增加到4或者5之后，我们对于博弈的研究也变得更加困难、复杂，尽管我们所进行的讨论都是不全面的，但是若想厘清这类博弈是一件非常复杂的事情，由于在对博弈的研究中需要将博弈的参与者增加到等于或者多于5个人时，问题看起来丝毫没有解决的头绪，况且如果我们按照相同的方式求解，那么我们所得到的也将是片段式的结果，这会使得我们在了解理论的一般情况时，这些片段式的解所能起到的作用是不可避免地带有极大局限性的。

从其他方面来讲，在博弈的参与者较多时，我们也必须对这种场合中的有效条件进行更深层次的了解。在经济学以及社会学的实际应用中，它们所起到的作用十分重要，即便抛开这一点，我们还要考虑以下这个事实：每当博弈的局中人增加时，在质上就会出现新的现象。这对于前文所述的n=2、3（即两人博弈，三人博弈）已然是很明了的了，若是当局中人增加到4或5时，我们仍没有注意到这个事实的话，或许是因为我们还没有对这种情形有一个细致的了解。但是当n=6时我们将会发现，在质的方面会开始发生一些新的现象。

出于上述考虑，我们有必要开始研究局中人较多的这种博弈场合了。首先，我们需要寻求研究的相关技巧。当然，在目前的情况下，我们不可能找到任何一劳永逸的方法，因此，最合理的方法就是：先找到一些已经包含较多局中人的特殊博弈场合，因为它们已经有确定的处理方法。在自然科学中有一个众所周知的经验，那就是先对一些特殊场景（在技术上是可以解决的，并且能阐释基本的原则）进行透彻的了解，从而在此基础上逐渐发展为可以归纳一切的、一劳永逸的理论的先导。

BO YI LUN

附录一

博弈论定律

零和博弈

　　零和博弈，作为博弈论中的一个概念，又称为零和游戏。生活中，下棋、扑克、乒乓球等比赛都属于零和游戏。我们可以将博弈看作两个人在下棋，不论是象棋还是围棋，在绝大多数情况下，其中的参与者总会有输有赢。假设我们提前设定好赢的一方可以获得1分，而输的一方自然要扣掉1分，即（－1）。在此情况下，双方的得分便是1+（－1）=0。这便是零和博弈最通俗的概述，一方输另一方赢，那么整个游戏的总成绩便是0。

　　因此，零和博弈属于非合作博弈。即参与博弈赛局的双方，在严格遵守博弈规则的前提条件下，若是其中一方可以获得利益，也就意味着另一方的利益必然受损。所以，博弈双方的收益和损失之和永远为零，即博弈双方不存在合作的可能。

事实上，早在2000多年以前，零和游戏便被广泛应用于输赢明显的竞争或者对抗中。后来，"零和游戏"受到了更多的关注，因为人们逐渐认识到实际生活中有很多与"零和游戏"十分相似的局面。与之相对的便是我们经常倡导的"双赢"，能够在某种程度上保证双方达成"利己"但不"损人"，并且通过双方建立合作、有效的谈判达到令双方满意的结果。当下，由于零和游戏的胜利者背后隐藏着失败者的辛酸和痛苦，所以零和博弈正逐渐被"双赢"所取代。

其实，不论是个人，还是国家，都在这个世界中进行着一场盛大的零和博弈游戏。零和博弈理论认为，世界是一个封闭的空间，里面的所有机遇、财富、资源等都是有限的，当世界中的某个地区或者国家的财富或者资源增加时，也就意味着别的地区或者国家的财富或者资源在减少，这便像一种无形的掠夺。当我们对稀有资源进行大肆开采时，留给后人的就会越来越少……

虽然能够通过有效的合作或者谈判达到双方皆大欢喜的结果，但是从零和博弈游戏走向双赢是一个比较复杂的过程，不仅需要参与竞争的双方真诚合作，还需要遵守整个"游戏"的规则，才有可能出现双赢的局面，若是不遵守这种规则，最后承担风险的还是参与者自身。

重复博弈

重复博弈是博弈论中比较特殊的博弈。重复博弈，顾名思义就是将同种赛局或者结构不断进行重复，甚至无限次进行重复，而重复博弈中的每次博弈被称为"阶段博弈"。简单来说，就是参与"阶段博弈"中的每个人都有随时采取行动的可能性，也有可能不会同时采取实际行动。在这个过程中，前面的局中人的所有实际行为是可以被后面的参与者看到的，所以，在重复博弈的赛局中，每个局中人的行动和策略，都会不同程度地受到前面的参与者的决策的影响，甚至可以说每个局中人的选择都会依赖其他参与者的行为。

重复博弈是"动态博弈"中的主要内容，一方面它包含完全信息（即掌握了某种环境或者状态下的全部信息）的重复博弈，另一方面它还包含不完全信息（即没有掌握在某种情况或者环境下的所有信息）的重复博弈。

事实上，当所有的博弈仅仅进行一次时，人们往往更加关心它的最终结果；假设博弈会重复进行多次，那么人们的注意力将会变成最终的收益，甚至会舍弃眼前的利益，只为获得更加长远的利益，进而根据情况做出不同的策略选择。由此一来，重复博弈的结果便会取决于博弈所进行的总次数，而这个总次数又会影响到最终博弈均衡的结果。

在一次重复博弈中所有的前提条件都是相同的，但是重复博弈脱离不了最终利益的影响，因此，在进行重复博弈的过程中，所有的参与者在进行决策时，更多的会考虑到自身的选择是否会影响到博弈进行到最后阶段的抗争、压力，甚至是出现恶性竞争，简单来说就是重复博弈不能像静态博弈那样只考虑自身或者当前的利益，而丝毫不顾及其他博弈方的利益。某种情况下，当参与重复博弈中的一方表现出合作倾向时，其他的参与者也会在接下来的决策行动中选择与其合作的态度，进而帮助双方达成长期获利的合作。

事实上，可以将重复博弈总结成三个基础特征：第一，在进行重复博弈的过程中并没有"物质"上的关联，简言之就是上一个阶段所进行的博弈，并不会改变接下来所要进行的博弈结构。第二，在进行重复博弈的每个阶段，所有的参与者都能够看到前面的参与者所做出的决策。第三，对于参与重复博弈的参与者而言，他们所获得的收益是在每个阶段所获得收益的加权平均数。

其实，影响重复博弈最终结果的因素，主要是重复博弈所进行的次数以及信息的完整性。在重复博弈中，所有的参与者受到长期利益和短期利益的影响，因此他们可能会优先考虑这两者哪个收益更高，从而做出一些带有舍弃性的决策。

重复博弈所出现的选择的结果，清晰地解释了实际生活中出现的现象。然而，重复博弈中信息的完整性，能够影响博弈的最终结果的主要原因是，当参与博弈的人自身的所有信息都不被他人所了解时，那么他能够在整个重复博弈的过程中建立良好的声誉，借此他极有可能获得长远的利益。

囚徒困境

囚徒困境是博弈论和非零和博弈中最经典的一个例子，它表示在某种情况下，那些有利于个人利益的选择，相对于团体而言并非有益处。简单来说，囚徒困境就是两个被捕的囚徒之间所进行的一场特殊博弈。当这两个囚徒想要建立合作、互相帮助时，便能够让双方获得利益，同时想要保持这种合作也是十分困难的。这种困难看似只是一种模型，实际上在我们的生活中也有很多鲜活的例子，诸如价格的竞争、环境保护，甚至是我们所面临的社交问题，都存在着不同程度的"囚徒困境"。

20世纪50年代，囚徒困境首次被美国的梅里尔·弗勒德和梅尔文·德雷希尔提出，并拟定了相关困境的理论。随后，美国兰德公司的顾问艾伯特·塔克正式用"囚徒"的形式将其表述出来，而且正式命名为"囚徒困境"。

简言之，当两个共谋犯同时被抓捕入狱，而且不能互相交流时，若是这两个人互不揭发对方，便会由于无法找到确切的证据，并且根据实际情况对两人判处同样的罪行，假设会判刑1年。但是，若其中的一方选择揭发对方的罪行，但是另外一方选择沉默，法官可能会将揭发者从轻处置，或者出于揭发者提供的证据，将揭发者利益释放，而沉默的一方则会由于不配合警方的调查、揭发者提供的确凿信息随即立案，被判处10年。还有一种情况便是共谋犯互相揭发、指证，那么便会提供完整的证据，最后双方都判刑8年。最终的结果往往更加偏向于最后一种，即由于无法交流、互不信任，最后互相揭发。这种情况，恰好印证了约翰·纳什的非合作博弈理论。

事实上，囚徒困境仅发生一次和多次的结果是不同的。假设囚徒困境是重复进行的，那么博弈便会在其中不断重复进行，这时所有的参与者都可以做出决策去"惩罚"前面那些不愿意参与到合作中的人，在这种情况下，便会产生所有的参与者想要合作的局面。那些参与此次重复博弈的人，便会主动放弃自身欺骗的动机或者行为，导致所有的参与者的决策都向合作靠拢，最终经过反复博弈后，所有的参与者极有可能从最初的互相猜忌转变为相互信任。

在囚徒困境中，所有的囚徒虽然选择了合作，而且不会向警察或者法官说出事实，还能为其他人带来利益，让所有人都无罪。但是当对方的合作意图并不是非常明显，或者无法确认时，出卖自己的同伙便能够让自己减刑或者立即释放，而且同伙可能也会为了自身的利益而招供出自己，在这种情况下，出卖自己的同伙是能够让自身的利益最大化的。

现实中，那些执法机构并不会用这种博弈的形式诱导罪犯说出作案的信息，主要是由于罪犯不仅会考虑自身的利益，他们还会考虑其他的因素，比如揭发对方之后，很有可能会遭到不同形式的报复，而且他们无法将那些执法者所设定的利益作为自己是否揭发对方的考量标准。

智猪博弈

　　智猪博弈是纳什理论中的一个经典例子，它是在20世纪50年代由约翰·纳什提出的。若一个猪圈里有一头大猪，还有一头小猪，在猪圈的一边有一个投放饲料的猪槽，与猪槽相对的另外一边则安放着一个可以控制猪槽投食量的按钮，假设我们按一下这个投食按钮，猪槽内便会出现10个单位的猪食，但是想要按这个按钮，则需要拿出2个单位的猪食作为成本。在此种情况下，假设大猪先走到猪槽边，它跟小猪的进食量之比为9：1；假设大猪和小猪同时到达猪槽，它们的进食量之比则为7：3；若是小猪先走到猪槽，那么它们的进食量之比则为6：4。最后，若是两头猪都非常有智慧，那么小猪便会在猪槽边等待着。

　　其实，小猪选择在猪槽边等待，让大猪去按下食物投放按钮的答案一目了然。即当大猪去按下按钮时，小猪在猪槽边会获得4个单位的猪食，当大猪走到猪槽边时看似还有6个单位的猪食，实际上扣除按按钮所需要的2个单位的猪食，大猪最终得到的只有4个单位的猪食；若是小猪和大猪同时出发，同时到达猪槽，那么它们所获得猪食的比例为1：5。

　　若是小猪选择按投食开关，大猪在猪槽边等待，那么当小猪达到猪槽边时，大猪已经吃下了9个单位的猪食，小猪只能获得一个单位的猪食，所以小猪最终的收益明显小于它选择行动的成本，这样计算得出小猪最后的净收益为（-1）单位的猪食。假设大猪也选择在猪槽边等待，那么小猪的纯收益将为0，而且小猪选择等待的成本也是0。由此看来，不论大猪是选择主动行动还是等待，小猪都选择等待的收益要高于选择行动所获得的利益，这便是小猪在此次博弈中的占优策略。

　　我们可以将小猪的这种方法称为"坐船"，或者"搭便车"，暗示人们在某些情况下，若是选择注意等待时机，将是一种明智之举，即，不为才能有所为。

　　智猪博弈告诉人们，当在博弈赛局中处于弱势的一方时，应该学会选择这种等待的占优策略。不论是在竞争中，还是博弈中，参与的双方都在绞尽脑汁让自己获得最大的收

益，但是这也暴露了一个问题，假设对方与你具有同样的理
性和智慧，那么他是否会选择和你同样的做法呢？其实，博
弈就是一场斗智斗勇的竞争。

斗鸡博弈

斗鸡博弈（Chicken Game）这个名词其实是一种翻译失误的产物，在美国口语中Chicken的释义代表了"懦夫"，因此，它应该是"懦夫博弈"，但是这种音译的失误并不影响我们对它的理解。

假设我们设定一个情景，即两个人狭路相逢。若是其中的一人想要主动行动，攻击对方，而另外一方则选择后退让路，在这种情况下，选择主动行动的一方便会获得胜利，即获得最大的收益。若是双方都选择退让，那么可以称为平局；若是自己一直主动出击，但是对方选择了退让，那么最后的获胜者就是自己，对方则成为失败的一方。还有一种情况就是，双方都选择前进，结果便是两败俱伤。相较这些不同的选择来看，最好的结果便是双方都选择退让，既不会两败俱伤，又不会让其中的某一方丢了颜面。

事实上，在这个博弈中，参与博弈的双方都是平等的主体，假设双方都选择主动行动，便相当于通知对方自身已经处在给对方最后的通牒，甚至可以说是相互威胁的状态。此博弈包含了两个纯策略的纳什均衡原理，即其中的一方选择主动前进，另一方则会后退；或者其中的一方选择后退，而另一方主动前进。只是在这两种决策中，我们不清楚哪一方会选择进或者退，简言之，双方的选择都是随机的，其中的所有选择背后的风险都是无法预料的。

其实，斗鸡博弈除了纯策略外，还包含混合策略均衡，即参与者的所有选择都是随机的，可能是进，也可能是退。但是，我们对于这类博弈更加关注它的纯策略均衡。任何一个博弈，若只有一个纳什均衡点，那么我们便能够轻易地预测出此博弈的结果，因为这个纳什均衡点就是已知的博弈的结果。反之，当一个博弈有多个纳什均衡点时，想要对博弈的结果做出预测，便需要我们了解其中的所有细节信息，诸如参与者究竟是哪一方选择了进，哪一方选择了退。根据这些额外的信息，我们才能对博弈结果做出判断。

猎鹿博弈

猎鹿博弈，最早出现在法国启蒙思想家卢梭的《论人类不平等的起源和基础》一书中，它又称为安全博弈、协调博弈，或者猎鹿模型。

猎鹿博弈源自一则故事，即在古代的一座村庄里，住着两个猎人。而这个村子里主要有两种猎物：鹿和兔子。假设一个猎人单独外出捕猎，只能捕到4只兔子；然而，如果两个猎人同时出动且合作就能捕到1只鹿。而站在填饱肚子的角度看，他所捕到的这4只兔子能够成为他4天的食物，但是1只鹿足以让他在10天内都不用外出捕猎。

由此一来，这两个猎人的行动策略就会产生两种博弈结局：第一种就是单独行动，不建立合作，那么每个人可以获得4只兔子；第二种是建立合作，共同外出捕鹿，则会获得1

只鹿，保证两个猎人10天不用外出捕猎。因此，在这两种情况下便会出现两个纳什均衡点，即两个猎人单独行动，每个人获得4只兔子，并且每人能够吃饱4天；或者两个猎人建立合作，那么每个人可以吃饱10天。

显而易见，两个猎人建立合作获得的最终收益远远超过单独行动的利益，但是这便需要两个猎人在合作的过程中，个人的能力和付出是相等的。假设两个人中的任何一个人捕猎能力较强，那么他便会要求分得更多的利益，同时这会使另外一个猎人考虑到自身的利益，而不愿意参加合作。虽然我们都非常清楚合作双赢的目标，但是考虑到实际情况时，原因便十分明显了。若想在博弈中建立合作，便需要参与博弈的双方主动学会与对手建立良好的共赢关系，在保证自身利益的同时，也要考虑对方的利益。

简单概括一下猎鹿模型，当这两个猎人中的任何一个人有足够的信心确定对方一定会捕捉鹿时，那么最好的捕猎策略就是去捕捉鹿，在这种情形下没有任何理由去捕捉兔子。除非这个猎人没有足够的信心，不确定另一个人的做法。这就是信心博弈，但是两个猎人都会面临极大的信任危机。所以便会出现两个纳什均衡点，简单来说就是两种不同的结果，而这种结果无法用纳什均衡点进行衡量。

蜈蚣博弈

蜈蚣博弈的提出者是罗森塞尔，它指的是这样一个简单的博弈，即参与博弈的两个人，分别命名为A和B，提供给他们的策略只有建立"合作"，或者拒绝"合作"（或者称为背叛）这两种可供选择的策略。若我们令A先做出选择，然后再由B做出选择，再轮到A做出选择……由此循环往复。我们设定A与B之间的博弈次数是有限的，即100次。假设此次博弈双方的支付给定如下：

合作合作合作合作……合作合作

ABABAB（100，100）

合作合作合作合作……合作不合作

ABABAB（98，101）

那么，在此前提条件下，A与B又会做出何种决策呢？

其实，正是因为这个博弈的形状像极了蜈蚣，所以才被称为蜈蚣博弈。

通过这个策略选择图，我们能够发现蜈蚣博弈有一个极为特殊的地方：参与者A在进行决策时，他会考虑到此次决策的最后一次选择，即第100次选择；但是参与者B在进行决策时，会考虑第100次选择究竟是合作还是不合作，假设B选择合作那么他将获得100的收益，若是他选择不合作，则会带给他101的收益。

在这种情况下，即根据理性人的假定结果，B会选择不合作。但是从此次博弈的次数和顺序来看，是需要经过第99次选择，才是B进行第100次选择，若是A在第99次选择中，考虑到B有可能会选择不合作的情况，那么他的收益将会是98，而且小于B在选择合作时的收益，此时当博弈进行到第99次时，A的最优决策是选择不合作，因为这样的选择能够让他获得99的收益，要比选择合作时的收益高……

按照这种决策的选择情况进行推断，可以得出若是在进行博弈的第一步时A便选择了不合作，那么A和B所获得的最终收益都是1，这样的选择远远小于A选择合作时的收益。

酒吧博弈

酒吧博弈是在博弈论的基础上发展起来的一个博弈理论模型，简单来说这个理论模型如下。

假设有100个人都喜欢去酒吧消遣娱乐，而酒吧的座位是有限的，这就说明这100个人在周末时都会考虑究竟是去酒吧还是待在家中，假设所有的人都选择周末去酒吧，那么去酒吧的人就会感到不舒服，而这时他们会觉得待在家中要比去酒吧更好。若我们设定酒吧的座位数是60，恰好在周末的时候酒吧座无虚席，那么想要去酒吧的人便会有两种决策：一种是不去，待在家中，另外一种是去。那么，这100个喜欢去酒吧的人最终将会做何选择呢？

其实这些喜欢去酒吧的人，往往会受上一次酒吧人数的影响，进而产生一些人数上的浮动，久而久之便会形成一种持续性波动的情况。这是由切斯特·艾伦·阿瑟博士提出的，他的理论如下：

假设每个想要去酒吧的人都是理性的，那么酒吧每天接待的人数几乎不会有过大的浮动。但是每个人都不是理性的。

后来，人们在他的这种研究之上发现了"神奇的60%客满率"定理，即当人们选择去酒吧时，最初的观察结果并未找到任何规律，但是通过长时间的观察发现，每次去酒吧的人数和不去酒吧的人数之比接近60：40。尽管这些人中的任何一个人都不能归属到经常去或者不去的行列中，但是不论这些人是否去，去酒吧的人数整体的比例基本上是保持不变的。但是人并不总能保持理性，当人们在第一次去酒吧时，若发现酒吧人数非常多，那么这种现象会成为他们下次选择的一个参考，他们会认为酒吧人数太多、十分拥挤、喧闹，但是少数人可能会选择去酒吧，这时他们发现酒吧的人数并不多，然后便会在下一次叫上自己的朋友一起去酒吧，由此一来循环便正式开始了。

从心理学的角度来看，最初去酒吧的那些人可能互相不熟悉，但是由于经常去酒吧而且能够遇见对方，久而久之便会由陌生人变成朋友，那么在这种情况下，便会由零散的个体变成一个大的群体，而这个整体中又会分支出小团体，而且这些小团体中的人，有一部分会占据主导地位，另一部分人会处在服从地位。这就意味着团体中的每个人的决策都会受到他人的影响。

枪手博弈

枪手博弈是指，枪手甲乙丙三人相互怨恨，以决斗的形式进行一场博弈。

其中，甲的枪法最准，十发八中（命中率80%）。乙的枪法在甲之下，屈居第二，也能有十发六中的成绩（命中率60%）。丙的枪法最差，只能十发四中（命中率40%）。假设在三人都了解彼此实力并能理性判断的情况下，会出现以下两种情况：一，三人同时开枪，谁活下来的可能最大？

二，若由丙开第一枪，随后轮流开枪，他会如何选择？

第一种情况：

第一轮：

甲：最佳的策略是先对准乙，因为乙的枪法比丙好。

乙：最佳的策略是先对准甲，因为三人中甲的枪法最准，这样，在乙丙两人中，乙活下来的概率更大。

丙：同样也会先解决枪法最准的甲，干掉甲后再考虑如何应对乙。

现在我们可以分别计算三人活下来的概率。

甲活：即乙和丙都未命中。乙的命中率为60%，那么未命中概率就为40%，丙的未命中率为60%。因此两人都射偏的概率为：40%×60%，所以甲活下来的概率为24%。

乙活：即甲射偏。甲有20%的未命中率，就相当于乙的存活率为20%。

丙活：根据上面的分析，在这一种情况下，没有任何人对准丙，因此丙最有可能活下来，他的存活概率为100%。

由此我们可以看到，在这一轮的决斗中，丙枪法最差但活下来的概率却最大。而甲和乙的枪法都远大于丙，存活率却都比丙低。当然，导致这种结果的前提条件是三人都了解彼此的实力。但我们都清楚，在现实生活中，这样理想的前提条件很难满足，难免会因为信息不对等而产生其他的结果。若甲选择隐藏自己的实力，营造一个枪法最差的假象，那么此时甲的存活概率就会大大提升。

第二轮：

第一轮过后，若甲乙中有一方打偏，那么丙既有可能面对甲也有可能面对乙，若都打偏，那丙将同时面对甲乙两人，或者甲乙皆死。

如果丙只面对甲或乙，那丙的存活率最低。

如果同时面对甲乙两人，则返回第一轮的场景。

如果甲乙皆死，那么无疑丙最终存活。

第二种情况：

由丙先开第一枪，那么可能如下：

丙射中甲：乙与丙对决，且只能由乙先开枪，丙会处于不利位置。

丙射中乙：同上，甲的命中率最高，丙的处境会更糟。

丙都未射中的话：甲乙都不会选择先射击丙，而是会在甲乙双方之间一决胜负，直至其中一人死亡，而这时就会又轮到丙。可以这样说，只要丙谁都不打中，在接下来的对决中他就处于相对而言最有利的位置。

警察与小偷博弈

　　在某个小镇上只有一名警察，整个小镇的治安全部由他负责。此时，我们假设这个小镇上的一头有一家银行，而小镇的另一头有一个酒馆；若这个小镇上只有一名小偷，那么由于他不具备分身术，所以当这个小镇上的警察在小镇的一头巡视时，小偷只能去小镇的另一头采取他的偷盗行动。

　　假想一下，当小镇的警察正好在小偷采取行动的地方巡视，便能不费吹灰之力地抓住小偷；若是小镇的警察的巡视方向恰好与小偷采取偷盗行为的方向相反，那么小偷便能在不被警察抓到的情况下成功偷盗。

　　此时，我们设定此小镇上的银行中需要保护财产的金额为2万元，而小镇的酒馆中需要保护的金额只有1万元。那么，警察应该如何采取巡视行动，才能将小镇的损失降低到最小呢？

　　警察最好的做法是利用抽签的方式决定去小镇的银行还是酒店。由于小镇银行中所需保护的财产是酒馆的两倍，因此用1、2号两个签表示小镇的银行，用3号签表示酒馆，这样一来，警察去银行巡视的机会将达到2/3，而去酒馆巡视的机会将是1/3。

　　在小镇警察的此种策略下，小偷的占优策略则要与警察相反，同样采用抽签的方式，与警察不同的是小偷用1、2号签表示去酒馆行动，而用3号签表示去银行，由此一来，小偷去酒馆行动的概率是2/3，而去银行的概率仅有1/3。

　　在此前提下，即警察和小偷都是选择最佳占优策略时，我们将会获得一个十分有趣的结果，即警察和小偷成功的概率是相等的。（此处略去计算过程）

　　事实上，警察与小偷的博弈需要有双方一种混合型的策略和思路。简单来说，警察和小偷博弈与我们生活中经常玩的"剪刀、石头、布"游戏更加相似。在这种游戏中，并不存在纳什均衡，因为参与此游戏的每个人出"剪刀""石头""布"的情况都是随机的，而且游戏的参与者不会让对方推断出自己的策略，甚至自己在此游戏中的策略倾向性。因为，当对方了解到自己的策略倾向时，自己便会面临极大的输掉游戏的风险。

其实，透过警察与小偷博弈中的混合策略均衡，可以看出博弈中的每个参与者并不会太过在意自己所做出的决策。实际上，当我们需要采取混合策略时，便要找到自己所要做出的策略方法，并且要让对手觉得你所做出的策略不会影响到他们。

这种方式似乎非常混沌，但它是前面所讲到的零和博弈的另一种随机转换。因为它要求参与者必须时刻保持警惕，稍微发现对方有违反规则的行动，便需要立刻采取决策并实施行动。若是对方的确做出了某种较为糟糕的行动，那便说明他们选择了最"愚蠢"的策略。

在警察和小偷的博弈中，不论是选择了混合还是随机的策略，都不代表参与者在做出行动时是盲目选择。这其中仍然包含着很强的策略性，博弈取胜的要点在于运用其中的偶然性，针对对方是否发现你的某些策略性行为做出及时应对，进而保证自己成功的概率。

海盗分金

　　有五个海盗（记为1、2、3、4、5号）掠得一百枚金币，决定以抽签的方式依次提出分金方案，并由五人共同表决。要想通过方案，必须有超半数的人同意才可以，否则这个人将会被扔进大海。这其实是一个博弈的过程，在分金的过程中，要想不被扔入大海，必须充分考虑其他人的利益，从而以最小的代价获取最大的收益。假设五个海盗都聪明绝顶并有足够理智的判断力，那么该如何进行博弈过程呢？

　　与其从前往后一个一个地想每个人会怎样选择，不如先把问题简单化，若只剩下最后两人的话，他们会怎么做呢？倒推来看，若1、2、3号都被投入海中，那么5号必定反对4号把一百枚金币全部收入囊中。因此往前推理，4号只有同意3号的方案才有可能保命。

3号猜到这一点，就会采取（100、0、0）的分金方案，因为他清楚地知道即便4号一枚金币也分不到，也仍然会同意他的方案。

2号猜到3号的策略，就会采取（98、0、1、1）的方案，因为2号只要稍微照顾到4、5号的利益，4、5号就会向他投赞成票，而不希望2号出局让3号分配。因此2号最终会获得98枚金币。

1号同样猜到2号的意图，就会采取（97、0、1、2、0）或者（97、0、1、0、2）的方案。对于1号来说，只要放弃2号，再分给3号一枚金币，给4号或5号两枚金币，这样他就可以得到三票，顺利通过方案拿到97枚金币。

当然，以上的分析是建立在一个理想状态上的，即海盗都很聪明并且可以理智分析。而在现实生活中，情况就和模型相去甚远了。

首先，假设3号、4号或者5号有一人没能猜到其他海盗的方案，那么1号被投入海中的概率则大得多了。或者只要1号提出方案，2号就许诺分配给其他人的金币比1号多一枚，这样一来，2号就成了最大赢家。

这是在规则确定的情况下，但只要剩下的四人确定一个分配的新规则，将把握先机的1号先干掉，而后平分一百枚金币，所得的利益会较之前更多。因此，在现实生活中，规则意识的重要性就显得尤为突出了。

如果我们扩大参加博弈的局中人数，同样是一百枚金币，由十个人来分配（记为1、2、3，…，10号），有50%以上的同意票才可通过方案，否则将被投入海中。

推理过程同上，倒推如果只剩下9号和10号，那么无论两人提出什么样的方案，按照规则都将被通过。现在把8号考虑进来，8号知道最后剩下两人的结果，那他会选择让步，只要拿出一枚金币来团结10号，他的方案就会通过，因为8号知道，只剩9号和10号时，10号会一无所得，因此10号是他理想的团结对象。因此，8号的方案就是（99、0、1）。再把7号考虑进来，既然关键在于50%，那么他只要再拉一人同意即可。那么此时，9号就成了他的最佳团结人选，7号清楚地知道，如果让接下来的8号分配，那么9号一枚金币也拿不到。因此7号笃定9号会支持他。以此类推，6号也会进行同样的推理，他会给在7号方案中得不到金币的8号和10号各一枚金币，来取得他们的同意票。由此，6号的方案就成了（98、0、1、0、1）。

综上，推理到1号时，他的方案会是（96、0、1、0、1、0、1、0、1、0）。

　　原本最有可能出局的1号却可以抢占先机获得最多的金币，而10号相比最安全，却也只是能刚刚保住性命罢了。

　　我们再改变一下规则，前提不变，即所有的海盗都无比聪明并且可以保持理性。条件不变，五人分金，共一百枚金币，且同意的人数不少于一半时方案才可通过。

　　海盗们通过抽签确定自己的号码，推理方法同上。

　　首先，只剩下4号和5号时，4号的方案就已经成为最终方案，因为无论5号同意与否，方案都可以被通过。此时4号的方案必定是（100、0）。

　　而5号因为在4号的方案中一枚金币也得不到，所以，只要在4号之前的人分给他的金币大于0，5号就会投出同意票。

　　对于4号来说，如果3号使5号获益，那么4号就会一无所得，因此他会让2号的方案通过，只要2号许诺给他大于0的收益。

　　到了3号这里，如果2号给4号一枚金币，那么2号的方案就会顺利通过，3号也就没有任何收益了。因此，3号会考虑到1号的方案，只要1号的方案里有3号大于0的收益，那么1号的方案就会通过，自己也不至于落得连一枚金币也拿不到的境地。

　　那么2号呢？因为只要有50%的同意票，他的方案就会通过，所以他的方案会是（99、0、1、0），以此来实现利益最大化，所以无论1号是什么方案他都不会投出同意票。

最后剩下1号，如他所想，2号的同意票是注定失去的，而他只给3号、5号各一枚金币就可以拿到两人的同意票，所以最终他的方案会是（98、0、1、0、1），获得自己的最大利益即98枚金币。

BO YI LUN

附录二

约翰·冯·诺依曼小传

数学天才的诞生

　　约翰·冯·诺依曼有很多头衔，首先他是一位杰出的数学家，其次他是颇有建树的计算机科学家，同时他也是出色的物理学家、化学家。约翰·冯·诺依曼继承了犹太人的优良基因，他原本是匈牙利人，1903年12月28日出生于匈牙利首都布达佩斯。

　　约翰·冯·诺依曼从小家境殷实，他的父亲麦克斯是当地有名的银行家。麦克斯不仅年轻有为、风度翩翩，而且聪明机智、善于经营，最重要的是他是一个十分勤奋、从不轻言放弃的人。约翰·冯·诺依曼的母亲善良贤惠，温柔貌美，受过良好的教育，有着良好的修养。

　　约翰·冯·诺依曼继承了父母的聪明才智，从小就在多方面表现得十分优秀，比如他热爱数学，拥有过目不忘的本领，在记忆方面堪称天才。约翰·冯·诺依曼从小就很幽默，且对学习语言很感兴趣，6岁时，他就能流利地用希腊语与别人交流，他最爱用希腊语说笑话，父亲是他最好的交流对象。当别的孩子还在学习100以内的加减乘除运算时，他就已经能用心算解决八位数的乘除法了。

约翰·冯·诺依曼拥有极强的学习能力，他不仅能掌握数学的算法，还能掌握研究数学问题的方法。在他8岁的时候，它就能用微积分来解决数学问题。这是同龄孩子望尘莫及的。微积分是牛顿和莱布尼茨在17世纪时分别独立发现的一种用以分析无穷小量问题的数学方法，它是人类探索无限问题的一种伟大工具。几百年来，微积分的形式不断改变，概念越来越精确，基础理论越来越严谨，陈述方法也越来越简明、恰当，且一直作为高等教育的教学内容。而约翰·冯·诺依曼在8岁的时候就能理解微积分，这不仅十分罕见，同时也说明了他从小便才智过人。

10岁时，约翰·冯·诺依曼在学校图书馆用了几个月的时间读完了整部世界史，这部历史书共有四十八卷，共数千页。而且，约翰·冯·诺依曼并不是草草读完这部史书，他在整个阅读期间还有过许多对比性思考。他能够在分析当前发生的事情时，将其与历史上某个时间发生的重要事件做对比，并有理有据地分析两者所包含的军事理论和政治策略，他超强的思考能力为他在科学探索方面提供了先天的重要基础。

12岁那年，约翰·冯·诺依曼开始读法国大数学家波莱尔的著作《函数论》，这部经典的理论性数学著作所传达的思想令他震撼，他废寝忘食地研读其中的内容，领会了波莱尔的思想要义，当他的父亲得知他竟能读懂这样伟大的著作时，激动地将他高高举起。

1914年夏天是一个炎热的季节，但对约翰·冯·诺依曼来说，这个夏季充满了新意，他终于能步入大学预科班，学习更高阶的科学课程了。然而，世事难料，1915年7月28日，约翰·冯·诺依曼在大学预科班学习近一年时间的时候，奥匈帝国因皇储斐迪南大公被刺身亡于萨拉热窝事件而向塞尔维亚宣战。战争一触即发，不久之后，各国陷入混战，第一次世界大战爆发。战争使千万家庭流离失所，约翰·冯·诺依曼一家也未能幸免。由于国家连年征战，动乱不断，约翰·冯·诺依曼被迫与家人一同离开了匈牙利。

为躲避战乱，约翰·冯·诺依曼一家离开了故乡布达佩斯，约翰·冯·诺依曼的学业也受到一定的影响。但是，在流亡期间，他没有放弃学习，在毕业考试时，除了体育和书写两项外，他的专业课程都得了A。

1921年，约翰·冯·诺依曼在参加毕业考试时，就已经是公认的数学家了。在他还不到18岁的时候，他写下了自己的第一篇论文，这篇论文是他与著名数学家菲克特合作完成的，在当时的数学界引起了一定的反响。

在经过战争的洗礼后，约翰·冯·诺依曼的家庭条件发生了改变，家中不再像先前那样富裕了。约翰·冯·诺依曼热爱数学，他希望能在数学方面有所建树，于是就决定专攻数学。但是，攻读数学要比攻读其他学科的费用昂贵许多，约翰·冯·诺依曼当时的家庭条件无法支撑他的理想。考虑到经济上的压力，父亲麦克斯甚至请人劝说约翰·冯·诺依曼放弃攻读数学。年纪轻轻的约翰·冯·诺依曼非常懂事，他没有违背父亲的意愿，并和他达成了协议，决定去攻读化学。

约翰·冯·诺依曼的求学经历很是特殊，在接下来的四年间，他首先成为布达佩斯大学的学生，注册的专业是与数学相关的。但是，他并没有在学校听课和学习，只是每年按时参加学校组织的考试而已，更为难得的是，他每次考试成绩都名列前茅，几乎每一门功课都得A。显然，约翰·冯·诺依曼是通过独立自主的学习才取得如此优异成绩的。

在离校期间，约翰·冯·诺依曼一直没有闲着，他一边自学数学方面的课程，另一边又不忘学习化学。1921年，约翰·冯·诺依曼又成为柏林大学的高材生。两年后，应父亲要求，他又到瑞士苏黎世联邦工业大学攻读化学。他的求学过程如此丰富，且总是能在不同大学和所选领域取得优异的成绩。约翰·冯·诺依曼通过每学期按时回到布达佩斯大学参加考试的方式，取得了相关专业的优异成绩，顺利拿到了该大学的数学博士学位。与此同时，他又于1926年成功获得苏黎世联邦工业大学的化学学士学位。

约翰·冯·诺依曼是一个自学天才。他虽然没有去学校听课，却没有落下课程，他的求学方式非常特殊，但通过考试并取得优异的成绩又能证明他的勤奋和努力。尽管他的求学不符合一般的规则，但这种方式又恰恰很适合他。

在苏黎世联邦工业大学留学期间，约翰·冯·诺依曼每天坚持学习化学课程和完成化学任务。在不耽误主学课程的情况下，他把空余时间都用在了研读数学上，他不仅坚持写文章记录自己的研究成果，还主动写信与一些有名的数学家交流。空闲时独自研读数学，这让他能在安静的环境中独自思考；遇到问题定期与专业人士交流，这又能帮他打破自我思考的壁障，获得全新的思路和智慧。

　　在瑞士留学的几年里，约翰·冯·诺依曼受德国数学家希尔伯特思想的影响，努力钻研数学逻辑。所谓名师出高徒，希尔伯特的学生施密特和外尔也都是20世纪德国杰出的数学家，他们继承和发展了希尔伯特的思想，在数学方面对约翰·冯·诺依曼也有过许多帮助。特别是外尔，他和匈牙利数学家波伊亚当时也在苏黎世联邦工业大学学习，是约翰·冯·诺依曼的校友。约翰·冯·诺依曼与这两位出色的数学天才是亲密无间的朋友，他们经常在一起聚会讨论数学问题。

　　聪慧的头脑、优越的学习环境再加上名师的栽培，约翰·冯·诺依曼像一颗天才的种子在肥沃的土地上茁壮成长着。而当他完成学业，彻底告别他的学生时代的时候，他已经成为数学、物理和化学领域的专家，他在这三个领域内颇有建树，一些理论思想已成为当时的权威和前沿。

从学生到专家的转变

　　1926年的春天是一个温暖美好的季节，约翰·冯·诺依曼跋涉千里来到德国，在一个风和日丽的早晨见到了他的偶像希尔伯特。当时，希尔伯特在哥廷根大学任教，约翰·冯·诺依曼此次前来是为了给他当助手。约翰·冯·诺依曼非常珍惜这次能在希尔伯特身边学习的机会，每次遇到数学难题他都会第一时间向希尔伯特请教。一年之后，希尔伯特认为约翰·冯·诺依曼已经能够出师，因为他在数学领域的研究已经趋于成熟。

　　此后，约翰·冯·诺依曼真正从学生身份蜕变成一名出色的讲师。在1927年到1929年期间，他在德国柏林大学兼职讲师。他一边准备资料，认真备课教导学生，一边在空闲时间整理和发表论文。他所发表的论文主要是关于量子理论、集合论和代数方面的文章，这些论文一经发表，就在当时的数学领域掀起波澜。他教的学生也都为能有他这样的老师而感到无比骄傲。

1927年的时候，约翰·冯·诺依曼就已经在数学领域很有名气了。这一年，他受到波兰数学界的邀请，到利沃夫出席了当时的数学家会议。在会议上，约翰·冯·诺依曼的理论大放异彩，人们为他在数学基础和集合领域的贡献感到震惊。

在约翰·冯·诺依曼的教学生涯刚刚开始时，也就是在1929年，他受到德国汉堡大学的邀请，担任该学校的兼职讲师。1930年对约翰·冯·诺依曼比较特殊，因为这一年他来到了朝思暮想的美国，因为美国的学术氛围比其他国家的学术氛围更浓。他此次前往美国主要有两个目的，一是担任普林斯顿大学的客座讲师，二是与美国的数学家相互切磋和学习。作为发达国家，美国是一个善于会集和留住人才的国家。约翰·冯·诺依曼在担任客座讲师不久后，就被普林斯顿大学升任为客座教授。

约翰·冯·诺依曼的任教生涯辗转于美国与德国之间。在德国大学任教期间，他用数学方法计算过自己担任理想职位的概率。在他看来，在德国大学中，他所期待的职位已经很少，但成为教授一直是他努力的目标。而在未来三年内，能够评为教授的讲师名额不超过三个，但参加竞争的大学讲师有40多位。为了争取教授名额，约翰·冯·诺依曼每到夏季就会从美国返回欧洲任教一段时间。在1933年之前的几年里，他辗转于美国几所名校和德国几所名校之间任教。直到1933年，普林斯顿高级研究院正式将他评为教授为止。

　　作为美国含金量最高的研究院，普林斯顿高级研究院当时对外聘用的教授只有6名，大名鼎鼎的爱因斯坦就是其中之一，而约翰·冯·诺依曼是这六位教授中最年轻的一位，当时他只有30岁。普林斯顿高级研究院是一个真正的学术之地。虽然当时它才刚刚成立不久，但每当欧洲的来访者进入其中之时，他们就会被那里浓浓的学术研究风气所吸引，天才们彼此不拘小节，或独自研究，或相互合作，总能研究出一些震撼人心的东西。研究院的"优美大厦"设施齐全，环境优美，是教授们舒适的居住地。在那里，教授们过着安定的生活，思想的火花总是层出不穷，有时短短几个月就能接连出现多个高质量的研究成果。数学天才、物理天才是研究院的主力军，可以说，那里会聚了当时所有有分量的精英人才。

　　约翰·冯·诺依曼在1930年与玛丽达·柯维斯结为连

理，5年后，两人的女儿玛丽娜在普林斯顿出生。自成家以后，约翰·冯·诺依曼夫妇经常在家举办社交聚会，每次聚会持续的时间都很长，且宾主尽欢，因此，他们举办的聚会远近闻名。1937年，约翰·冯·诺依曼的婚姻出现了危机，两人的感情发生了裂痕，最终遗憾离婚。第二年，约翰·冯·诺依曼遇到了他的旧相识克拉拉·丹，两人的感情迅速升温，不久便坠入爱河。不到一年时间，约翰·冯·诺依曼与克拉拉·丹结婚，后来他们一起到普林斯顿居住。

新的婚姻为约翰·冯·诺依曼的生活注入了活力。克拉拉·丹与丈夫一样，也对数学非常感兴趣。约翰·冯·诺依曼当时已经是屈指可数的数学家，他一边研究自己的课题，一边教妻子克拉拉·丹学习数学。不仅如此，作为计算机专家，约翰·冯·诺依曼也经常教妻子一些编程知识。久而久之，克拉拉·丹的数学和编程水平都有了质的提高，最后成为优秀的编程专家。约翰·冯·诺依曼与克拉拉·丹的婚后生活非常幸福，两人之间不仅有许多学术话题，还经常邀请其他科学家来家中参加聚会。对于约翰·冯·诺依曼夫妇的好客，友人们赞不绝口，更为难得的是每次聚会都带有浓浓的学术氛围，科学家们相互请教问题，一起把酒言欢，热闹而富有意义。

速算背后的秘密

约翰·冯·诺依曼的生活多姿多彩，其间发生过许多有趣的事情。

有一次，约翰·冯·诺依曼在参加一场数学聚会时与一个年轻人讨论了起来。年轻人问道："诺依曼先生，我有一个问题想向您讨教：两个自行车手在相聚32千米的两地，各骑一辆自行车相向而行，他们同时出发，其中有一个骑手的车把上停着一只苍蝇，这只苍蝇在两人出发时开始向另一位骑手径直飞去。苍蝇会在飞到另一位骑手的自行车把手上后立刻返回，继续飞向第一位骑手的自行车把手，这样苍蝇不断往返于两辆自行车之间，直到两车相遇为止。假如两位骑手的骑速为16千米每小时；苍蝇飞行的速度是24千米每小

190

时，那么在两车相遇时，苍蝇共飞行了多少千米？"

约翰·冯·诺依曼略加思考，微微一笑回答道："很简单，苍蝇飞了24千米。"

这道经典的数学题是由美国趣味数学大师马丁·加德纳所编，其中涉及无穷级数求和问题。按照常人思维，这道题乍看起来非常复杂，因为要想计算苍蝇飞过的路程，就要计算出苍蝇来回飞了多少次，同时还要计算出每次所花费的时间。但是，如果按照这种思路计算，这个问题很难在短时间内得到解决。

马丁·加德纳在解决这个问题时另辟蹊径，他避开了用无穷级数求解的方式，而是用转化的思路，轻松地便解决了这个问题。既然已经知道每辆自行车的平均速度是16千米每小时，两辆自行车相距32千米，那么从开始到相遇，两位骑手相向而行的总速度就是：16+16=32（千米/小时），于是两者相遇共花费的时间是：32/（16+16）=1（小时）。这个时间也是苍蝇飞行所花费的总时间，而苍蝇的平均飞行速度是24千米每小时，于是：24/1=24（千米）。马丁·加德纳这道题的答案正是24千米。

年轻人听了约翰·冯·诺依曼的答案也笑了起来，他自信地说："您一定是按照加德纳的思路解的题。我真不明白一些数学家为什么要研究无穷级数求解。那样岂不是使问题变得更烦琐了？就像在解这道题时，如果用无穷级数求解，真不知道何时能够给出答案。"

约翰·冯·诺依曼听到年轻人的抱怨，感到十分诧异，他疑惑地回答："我正是运用无穷级数求解的啊！"年轻人听到这样的回答，瞪大了双眼，一句话也说不出来了。

约翰·冯·诺依曼是"计算机之父"，他参与研制了世界上第一台电子多用途计算机。这台计算机的全称叫作电子数字积分计算机，英文简称为ENIAC。第二次世界大战期间，美国政府邀请约翰·冯·诺依曼担任弹道研究所顾问，参与第一颗原子弹以及各种导弹弹道的研究工作。为了进行弹道研究，美国科学家提出研制电子计算机的设想，而ENIAC就是在这个时间研发出来的。

当时，各国的武器装备水平不高，导弹在战争中起主导地位。开发新型弹道，研制新型大炮是美国陆军军械部的主要任务。为此，美国设立了专门的"弹道研究实验室"。"弹道研究实验室"坐落在马里兰州的阿伯丁。在那里，研究人员每天都要为美国军方提供6张射表。这些表格主要用于导弹研制的技术鉴定。这6张表格看似数量不多，但制作它们的工作量十分惊人，每一张表格都对应着几百条弹道的计算，而每条弹道都要建立复杂的非线性方程组，这些方程组很难求出准确解，只能通过数学方法进行近似计算。

用数值方法近似求解并不容易。而当时还没有快捷的计算工具，完成一张射表需要200名计算人员不辞辛劳地工作2个多月的时间。但是，战事紧迫，如果不能高效研制出先进的武器，只能付出更为惨重的代价。

就在这个时候，科学家莫希利提出了试制电子计算机的设想。美国军方对此十分支持，并拨下一笔巨款用以资助该研究项目。

这项研制工作不仅有资金支持，还有大量的人才支持。在众多人才中，约翰·冯·诺依曼是佼佼者，他的到来为计算机研制工作带来了极大的技术支持。当时的约翰·冯·诺依曼正在参与美国第一颗原子弹的研制工作，其间，他遇到并解决了大量计算问题。带着相关知识和技术，约翰·冯·诺依曼在投入计算机研制工作后显得尤为出色。

在研制ENIAC的过程中，专家团队遇到了两个主要问题：一是没有存储器的问题，二是布线接板控制问题。1945年，约翰·冯·诺依曼及其团队就这些问题提出了一个全新的解决方案，即"存储程序通用电子计算机方案"。在研制计算机的过程中，约翰·冯·诺依曼解决了诸多关键性问题，为确保计算机的顺利问世做出了重要贡献。

在约翰·冯·诺依曼等人的努力下，ENIAC最终研制成功。虽然这台计算机的体积庞大，需要耗费大量电能才能运转，每秒的运算速度也不过几千次，但是就当时的条件而言，它的计算速度已经比寻常的计算工具提高了整整1000多倍。这台计算机不仅能自动执行算术运算和逻辑运算，还能存储大量数据，它的问世打开了电子计算的大门，同时也象征着科学新时代的开始。

在研制ENIAC期间，有一次，几个专家就一个数学难题讨论了起来，但讨论了许久，没有一个人能理出头绪，其中一个年纪较小的数学家不甘心放弃，于是就带着计算仪器回到家继续演算。年轻人算了整整一个晚上才最终得到答案。第二天清晨，他急匆匆地回到实验室，迫不及待地向大家公布自己的答案。他炫耀地说："我昨天用计算仪器一直算到凌晨四点半，终于让我找到了那道难题的五种解答。得到它们可真不容易！"

"什么不容易？"此时，刚走进实验室的约翰·冯·诺依曼好奇地问道。于是，大家将昨天讨论的数学难题讲述给他听，诺依曼听到数学难题一时来了兴致，很快陷入思考之中。过了一会，他逐一给出了四个正确答案。而那个忙了一夜的年轻数学家在惊讶之余，立刻将最后一个答案脱口而出，他可不希望所有的风头都被诺依曼抢去。

　　而诺依曼听到年轻数学家的答案也很惊讶，他只是略微思考一番，便肯定道："你的答案完全正确。"得到诺依曼的肯定，年轻数学家十分开心，同时又心情复杂。面对众人，他满脸尴尬地离开了。而此时的约翰·冯·诺依曼却十分不解为何年轻数学家会如此迅速地想到答案，正当他一脸困惑地陷入思考久久不能自拔的时候，有人问道："你在想什么？"

　　诺依曼不紧不慢地回答："我只是在想他究竟用了什么方法竟能如此迅速地给出答案。"

　　众人听了他的话，纷纷大笑起来。有人向他道出了原委："他是通过计算仪器用了整整一晚上的时间才算出的答案啊！"诺依曼一听，立刻释怀地跟着众人一同大笑起来。

　　诺依曼的聪明才智由此可见一斑。

伟大的贡献和天才的陨落

1942年6月，美国陆军总部通过一项重要计划，这项计划的目的是研制大型杀伤性武器原子弹。这就是历史上有名的曼哈顿计划。原子弹的研制要利用核裂变反应，这是一项危险而艰难的任务。为了顺利完成这项计划，美国陆军总部将一众西方顶尖的科学家集中起来，陆续耗费20亿美元，动用10万多人历时3年才最终完成这一计划。1945年7月16日，随着一朵蘑菇云升上天空，世界上第一颗原子弹研制成功。除了这颗原子弹外，科学家们还制造出两颗实战原子弹。在研制原子弹的过程中，曼哈顿工程区司令莱斯利·理查德·格罗夫斯和国家实验室主任罗伯特·奥本海默采用系统工程的方法将研制原子弹的周期大大缩短，为整个计划的完成做出了巨大贡献，而曼哈顿计划的成功也促进了系统工程的发展。完成这项伟大计划，除了两位负责人的贡献外，起主要推动作用的人还有约翰·冯·诺依曼。

1943年年底，美国国家实验室主任罗伯特·奥本海默与约翰·冯·诺依曼亲切会面，并主动邀请他一同参加曼哈顿计划。罗伯特·奥本海默是"原子弹之父"，他在原子弹计划开展之前就充满信心。他在邀请约翰·冯·诺依曼之前，也邀请过许多别的科学家。不过，大多数科学家都对这一计划持怀疑态度，对于是否参与其中总是犹豫不决。然而，约翰·冯·诺依曼与他们不一样，通过预测，诺依曼认为曼哈顿计划成功的概率很高，所以他非常支持这一计划，在罗伯特·奥本海默第一次邀请他时，他就爽快地答应了。

作为一个出色的数学家，约翰·冯·诺依曼喜欢通过数学方法预测各类事件。在第二次世界大战开始时，他就预测过这次战争的胜负，为此他特意建立了一个数学模型，通过这个模型的演算，他认为最终盟军会获胜，原因在于盟军在工业上具有优势。约翰·冯·诺依曼也使用同样的方法预测过研制原子弹的成败，最终原子弹不出他所料地被顺利研制了出来。

约翰·冯·诺依曼是曼哈顿计划的重要功臣，他对整个计划而言至关重要，可以说如果没有他的参与，原子弹很难

那么快被研制出来。从罗伯特·奥本海默赋予他的特权就
能看出这一点。参与原子弹工作的科学家有很多，几乎所有
科学家都被安排住在了洛斯阿拉莫斯，他们的行动受到一定
限制，但约翰·冯·诺依曼并没有被限制在洛斯阿拉莫斯，
他和少数几个科学家拥有较大的自由，可以住在他们想住的
地方。

　　研制原子弹的一个技术难点是计算临界质量。临界质
量的建立需要一定的条件，比如把两个二分之一临界质量的
铀半球以一定方式拼接起来。若两个铀半球成功拼接在一起
并达到临界质量，就会在极短时间内发生连锁反应，同时释
放出巨大能量。但是，要确立临界质量十分困难，它需要完
成大量的核心计算工作。而这项艰巨的工作最终落在了约
翰·冯·诺依曼的身上。约翰·冯·诺依曼不负使命，他通
过巧妙和艰苦的数学计算，最终确定了铀和钚的临界质量，
为原子弹的爆聚反应埋下伏笔。

　　研制原子弹的另一个技术难点是快速拼接两个铀半球。
当两个铀半球相互接近时，会因为蓓蕾反应而相互弹开，而
要引发连锁反应需要将它们在极短的时间内拼接在一起。美
国投放在日本广岛的代号为"小男孩"的原子弹，采用了
"枪式触发装置"，即用一把"枪"自动将子弹形状的铀射

入中空的铀球内，以达到临界值，引发连锁反应，从而发挥原子弹的威力。投放在日本长崎代号为"胖子"的原子弹是一颗内爆弹，它的触发效率要比"枪式"触发效率高。主要诱发方法是将炸药包裹住中空的钚球，在引爆炸药的同时，使钚球在极短时间内迅速压缩体积，从而达到临界值，实现核爆。"内爆式触发"比"枪式触发"更加困难，而约翰·冯·诺依曼正是这种方法的发明者。

约翰·冯·诺依曼用自己丰富的知识和卓越的才能为原子弹的成功研制做出了不可磨灭的贡献。而他的博弈论思想也在战争中大放异彩。第二次世界大战期间，博弈论被用于制定军事策略方面。约翰·冯·诺依曼有一个学生名叫梅里尔·佛勒德。他对约翰·冯·诺依曼的博弈论十分感兴趣，在着手研究原子弹在日本的投放地点问题时，他遇到了一个两难的博弈问题：若让轰炸机轰炸日军的重要目标，日军一定会根据预测设法提前拦截，这有可能使轰炸任务无法成功。若轰炸目标不够重要，就不能起到威慑作用，日军势必会强烈反扑。最终，梅里尔·佛勒德利用博弈论的方法成功制定出可行性轰炸策略，这一策略可使美军轰炸机被日军击落的概率最小化。

显然，没有约翰·冯·诺依曼的贡献，原子弹的研制便很难快速完成，如果原子弹不能及时被研制出来，第二次世界大战的战局就会受到影响。同时，博弈论的应用加快了战争结束的进程，在此方面，约翰·冯·诺依曼也有着不小的贡献。

约翰·冯·诺依曼的才能不仅体现在武器研制上，还体现于社会实践中。约翰·冯·诺依曼早在1928年就成功证明了博弈论的基本原理。从此以后，博弈论正式进入大众视野，成为生活和学术方面重要的科学研究手段。约翰·冯·诺依曼创立的博弈论是应用数学重要的方法之一，其在数学领域取得了令人瞩目的成就。现如今，博弈论被广泛应用于社会现象的研究中，它的基本思想主要用于研究多个主体之间的利益关系，侧重于竞争者之间的议价、交涉、合作、利益分配等问题。

虽然博弈论的思想自古有之，但真正得以确立是从约翰·冯·诺依曼1928年所写的博弈论论文开始。在这篇论文中，他以经典的两人博弈问题作为切入点，深入研究了各种博弈因素，并最终证明了"最大最小定理"。"最大最小定理"是指当两个人进行博弈时，任何一方若能在考虑每种可能策略所带来的最大损失的基础上，选择其中最小的一种，那么这种策略便是"最优策略"。因为从统计学上来看，以这样的方式确定的策略是最有利的。除了两人博弈外，约翰·冯·诺依曼还在同一篇论文中分析了多人博弈的一般对策。

约翰·冯·诺依曼的博弈论后来被广泛应用于经济学领域。经济学的研究大致可分为两类：一类是用于定性研究的纯粹理论；另一类是用于实证和统计的计量经济学。用于定性研究的纯粹理论又称为数理经济学，该经济学的建立开始于20世纪40年代，它的思想和方法很大程度上与博弈论相同，或受博弈论的影响。

在博弈论正式确立之前，传统数理经济学所采用的分析技巧一般是数学物理的技巧，它会将经济问题当作力学问题来处理，用微积分和微分方程予以解答。但是，如果用这种方法或工具解决现实的经济问题，就会遇到诸多的麻烦。例如，当几个商人聚在一起进行合作洽谈时，若用微积分、微分方程等经典数学工具分析和处理，就会使整个经济活动变得复杂化。所以经济领域急迫需要一种更高效的方法来解决问题。于是，约翰·冯·诺依曼的博弈论应运而生。约翰·冯·诺依曼用他的博弈理论让经济学问题变得具有预期性，从概率学上，保证了所能采用的最优策略满足维护当局者利益最大化的要求。约翰·冯·诺依曼放弃了简单的机械类比，把新颖的博弈论观点带入了大众视野，带入了经济学领域，他的贡献是巨大的，也是富有成效的，从不断发展的世界经济中，我们能够想见他天才的理论和身影。

1944年，一部伟大著作震惊了整个西方经济界。约翰·冯·诺依曼凭借他的《博弈论和经济行为》再次惊艳了世人。这是天才的数学家约翰·冯·诺依曼与天才的美国经济学家奥斯卡·摩根斯坦合作的一部作品。它将博弈论与经济学相结合，详细地勾勒了一幅幅博弈的场景，系统地阐述了博弈论在经济学中的应用。在这部著作中，约翰·冯·诺依曼对两人博弈和多人博弈进行了精彩的演绎，比较系统地将博弈的理论方法应用于经济实践，使得经济学有了对应的理论基础和理论体系。

这部著作不仅对博弈论进行了纯粹数学形式的解释，同时也对其进行了实际应用性的说明。该著作关于经济基本问题的详尽讨论在西方掀起了一场研究经济行为和社会学问题的浪潮。时至今日，博弈论已经成为一门被广泛应用的数学学科，人们称它为"20世纪前半期最伟大的科学贡献之一"。

第二次世界大战爆发后，约翰·冯·诺依曼由于工作原因，活动范围也不断扩大，仅仅一个普林斯顿显然已无法彻底留住他的身心。他除了在1943年参与原子弹的研制计划外，还参与了多项科学研究计划，并于战后在政府的重要部门任职。1954年，美国政府聘请他加入原子能委员会，他后来成为美国原子能委员会不可多得的高级人才。美国原子能委员会主席斯特劳斯十分欣赏约翰·冯·诺依曼的才能，很快与他成为挚友，这份友谊一直延续了多年。后来，斯特劳斯对他评价道："从1954年接受任命到1955年深秋这一年间，冯·诺依曼向我们展示了他卓越的才能，他似乎可以把每一件事都干得非常漂亮。再困难的问题一旦到了他的手里，似乎都不是问题。他的能力令人望尘莫及，一切困难的事在他面前都将被化解成一件件简单的事情，他用不可思议的方法把原子能委员会的工作做得游刃有余。"

一直以来，约翰·冯·诺依曼的身体都很好，他总能在工作上保持足够的热情和精力。但是，随着年龄的增长，以及长时间高强度的工作，让他越来越感到力不从心。1954年是他工作上的一个转折点，尽管他依然对工作保持着高度的热情，但是不堪重负的身体却时刻提醒他要注意休息。他开始变得容易疲乏，做任何事情都缺乏力气和精力。1955年夏天，约翰·冯·诺依曼在检查身体时，查出患有癌症。为此，他不得不停止工作。随着病势的蔓延，他的身体越来越差，以至于坐上了轮椅。但是，身体上的疾病无法阻止他思想上的工作，他依然能够思考，他一边参加会议，一边不断演说，试图用自己的理论让更多人受益。

然而，无情的病魔长期折磨着他的身心，他的活动也越来越少，最终他再也无法外出活动。他在华盛顿有名的沃尔特·里德医院接受治疗。1957年2月8日，这位伟大的天才在医院病逝，辉煌人生戛然而止。